Weeds

雑草の文化誌

ニーナ・エドワーズ 著
Nina Edwards

内田智穂子 訳

花と木の
図書館

原書房

［……］は訳者による注記である。

雑草はどんな環境でも生長する。

序章　気まぐれな自然

雑草はどこにでも生える。人間は意のままに自然を操ろうとするが、雑草は除草剤をたっぷり撒《ま》いても、敷石のあいだから顔を出し、市街地の壁の割れ目にみずから種を蒔《ま》く。見捨てられたも同然なのに、生長し、繁茂するのだ。植物界では下層階級に追いやられているにもかかわらず、かなり頑丈で、排水設備に侵入し、牧草地に毒を盛り、正統派とされている植物の大切な栄養を横取りして生長を阻害する。とはいえ、私たちは遠方の荒れ地に生えている雑草のことなど気にも留めない。いっぽう、雑草は私たちに気にかけてほしいと望んでいる。雑草は人間と共生しているのだ。

「雑草」という言葉にはさまざまな矛盾が潜んでいる。ドイツ語では「ウンクラウト Unkraut」（植物に非《あら》ず）で、つまり、他の植物より劣っているという意味だ。ちなみに、ナチスはユダヤ人のことを「ウンメンシュ Unmensch」（人非人）と呼んでいた。フランス語では「モヴェーズ・エルブ mauvaise herbe」、スペイン語では「マラ・イエルバ mala hierba」で、どちらも「質の悪い草」を意味する。現代イタリア語では「エルバッチャ erbaccia」といい、これも醜くて役に立たないものを指す軽蔑的な表現だ。いっぽう、ラテン語では「ヴィリディタス viliditas」で、見下す意図はなく、単に緑色のものを意味する。英語の「ウィード weed」は、生い茂る野生のシダを指す古ザクセン語の「ウィオド wiod」が由来だ。衣類を示す「ウィーズ weeds」はまた別で、古ザクセン語の布地「ワド wad」からきている。ワドは女性服に使う平凡な布地や、未亡人が哀悼の意を示して着る黒い喪服《ウィーズ》のように、色が暗く、くたびれた、品のない服を指す。「ウィードレス waedless（服なし）」は裸を、「ウィードブレ waed-bréc（布の尻）」は下着のパンツを指す語だった。エドマンド・スペンサーは『妖精の女王』〔福田昇八訳／九州大学出版会／２０１６年〕の第2巻第3篇21で、「狩人服（hunters weed）の貴婦人は高い身分の人のよう」と記している。

　雑草の通称はたくましく、センスにあふれ、ストレートだ。たとえば、ブタクサ、痛風草（イワミツバ）、イタチの鼻（キンギョソウ）、鼻血（ノコギリソウ）など。雑草の英名はアングロサクソン語（古英語）であることが多く、遠回しに表現することはない。おねしょ（タンポポ）、花嫁草（セイヨウナツユキソウ）、ノミ除け草（ムカシヨモギ）、狂女の乳（トウダイグサ）といった具合だ。ラテン語の二名法にはたしかに威厳があるが、面白味に欠ける。日頃の呼び名は、その植物の特性や恐るべき生育環境を表していることも少なくない。

　禅宗の信者にとって雑草は宝だ。キリスト教徒にとっては全能の象徴だろう。道教哲学の入門では、雑草を除去してこそ作物が豊かに実る、つまり、心を浄化しなければならないと説いている。なぜなら、「雑念を取り除かなければ、集中力も英知も育まれないから」だ。[1] トルストイは除草作業を贖罪の隠喩に用い、次のように教示した。牧草地で悪魔のようにただ雑草をなぎ倒すだけでは不十分であり、雑草は根絶《こんぜつ》しなければならない。[2]

雑草は人間の行動を評価する材料にもなりうる。あるとき、小説家デボラ・モガーの母親が庭で育てている草花を抜き、雑草を残すようになった。事実、これは認知症の初期症状だった。[3] シェイクスピアの作品、とくにソネットにおいて、雑草は人格の異常を示唆し、『ヘンリー五世』［松岡和子訳／筑摩書房／2019年］第5幕第2場では、「ドクムギ、ドクニンジン、茂り過ぎたカラクサケマン」などの雑草がはびこっている状態は政治的動乱を暗示している。もし雑草が人間に支配できない野草だとしたら、人間が誕生する以前に地球に存在していた植物はすべて雑草になるだろう。

このように、雑草は花壇に生えれば浅ましく貪欲な植物だが、かたや、私たちの目に入らず、どんな害をおよぼそうが支障のない野生地では他の生物と共存している。知識ある庭師なら、手入れをする土地の雑草をすべて抜く前にじっくり考えるだろう。生えている雑草を見れば、土壌の肥沃度や、酸性かアルカリ性かがわかるし、もしかしたらそこは以前なにも育たなかった不毛の地かもしれない。また、生態学者ならその生息地で育っている植物のバランスを考えるだろう。ある頑強な植物が他の大切な植物の存続を脅かしてはいないだろうか。とりわけ、そのたくましい植物が外来種で、本来あるべき在来種を滅ぼす侵略種として駆除対象となっている場合はなおさらだ。外来種は意図的にしろ偶然にしろ人間が運んでいる。ゆえに、雑草の蔓延は人間の過失といえるではないか。それなのに、私たちは雑草を邪魔者にしている。

植物と動物が自然界の調和を保ち、植物はいろいろな点で互いに有益な関係を維持しながら生きている――そんな夢物語があるが、雑草の概念はこれに矛盾する。雑草は厄介な問題を引き起こす

カミーユ・ピサロ。「庭で作業する女」。1900年頃。黒チョークに水彩。

「ドクムギの種を蒔くサタン」。ピーター・ヤルヘア・フルニウスによる版画。原画はヘラルト・クローニン。1585年。

とたちまち悪事の常習犯にされ、人間に恐怖と憎悪の感情を呼び起こし、穏やかで協力的であるべき自然を脅かす。裏を返せば、雑草は人間が利益を得られるよう協力しなければならないのだ。雑草は突然生えてきて、交雑する外来植物のように蔓延し、縄張りを競い合い、日光、雨、シェルター、栄養素を本来の分け前より多くむさぼる。むろん、多くの雑草は無性生殖［受精せず分裂によって新個体を生み出す生殖法］で増えるが、ここで重要なのは、雑草の再生力は人間の勝手気ままな行動と比例しているという点なのだ。

　雑草は人間が黙認しようとしまいと繁茂する。侵略的な雑草はインドのアッサムに住むインドサイ、アジアゾウ、ベンガルトラのような野生動物にも害をおよぼしている。こうした動物の数が減少しているのは、数種の雑草が原因だ。[4] たとえば、ヒマワリヒヨドリはキク科に属する熱帯の低木で、生長が速く、種子や根から容易に再生するが、家畜の飼料としては有毒だ。おまけに1本につき8万~9万個の種子を付ける。19世紀に北アメリカから広がったといわれており、パキスタンの植物園からインドに、また、林業用の種子に偶然混入してアフリカの雨林に散らばったようだ。スリランカのコートジボワールでは牧草地に生えたチガヤを抑制するためにヒマワリヒヨドリを導入したが、ココナッツのプランテーションにも侵入した。非常に温暖な地域では多くの雑草がさほど害をおよぼさないが、ヒマワリヒヨドリはオーストラリア全土で毒性の強い雑草となっている。

「雑草」は「植物」でありながら「雑草」という別枠に属する。おかしくないだろうか。雑草も庭で育てている植物の多くと同じ生物学的特徴を持っているのだ。それなのに環境全体あるいは一部の状況によって、雑草になったり元に戻ったりする。「生えてはいけない場所に生えたら雑草だ。豪華な深紅のケシもトウモロコシ畑では雑草になる。もしバラがコムギ畑で繁茂したら雑草になり、根こそぎ抜かなくてはならない」[5]。気候や土地管理の変化、さらには気まぐれなガーデニングや世の風潮によって雑草の定義は変わる。たとえば、キビはカナダの重要な穀物だが、この30年でカナダとアメリカの農業において好ましくない雑草になってきている。西オーストラリアのように農民が交互にコムギを栽培したり牧羊したりする地域では、飼料や土壌侵食対策としてネズミムギを栽培してきた。そしてネズミムギがすっかり定着すると、窒素固定「マメ科の植物が空気中の窒素を根に取り込んで土壌を肥沃にすること」をするクローバーと競い合うようになり、最終的にはコムギの収穫量が減った。[6] アイルランドでおこなわれたチリルバーブの研究では、その巨大な葉［1枚が傘くらいの大きさになる］が他の植物への日光を遮り、発芽と生長を妨げていることがわかった。結果、雑草研究者が植物の特性、生息地、天候の関係を驚くほど理解していないことが露呈した。[7]

雑草が立ち向かっているのは、人間が意図的にデザインしている世界、および、人間が当然の権利として主役を演じている自尊心だ。現在、雑草と考えられている植物は数十億年前の微小な増殖性単細胞藻類から強大な雑種の木々まで多岐にわたる。私はこれからいくつもの具体例をあげながら、一部の植物が雑草というラベルを貼られ、はがされ、ときにはまた貼られ、さらには永遠に雑草と呼ばれるようになった経緯を示していきたい。雑草の歴史はいまも刻まれている。人間が自然を支配しようと考えるようになり、やがて産業革命が実を結び、そして最近では集約農業とそれによる緑の反撃が問題を引き起こしているのだ。

鉄道の側線に広がるブッドレアの紫色に輝く羽毛のような花畑、春を迎えて黄色い星形の花を付けたフキタンポポ、そして、キクザキリュウキンカ、キバナノクリンザクラ、ハナタネツケバナ、5月には水路を飾るハコベ、6月には水辺で伸び始めるバイカモ、また、ゴマノハグサやセイヨウナツユキソウのあいまから飛び出しているミソハギのねじれた葉先、その上を飛ぶトンボ――そして、側溝のひび割れから生えているノボロギクの黄色い小さな花。こうした植物が目に留まる人なら誰だって、雑草といわれている草がかならずしも醜くないことに気づくだろう。しかし、ときに人間は自分たちの利益に歯向かうものを、汚い、さらには、不道徳だとさえ考える傾向がある。「野生で育ち、はびこり、地面を覆い尽くして上等な植物の生長を妨げる植物は、実用的でも美しくもなく価値がない」のだ。[8]

たとえば、ブッドレア（学名 *Buddleja davidii*）は1890年代に貴重な外来種の低木として中国から北ヨーロッパに導入された。しかし、荒れ地に自生してはびこるようになると、すぐさまありきたりの雑草に格下げされた。望まれない土地で種子から生長しても、その美しい花は無視され、次々と再生する能力は軽蔑されるようになった。こうした植物は、乱れた世界、都市の荒廃、どん底、不動産価格の下落、経済闘争によるさまざまな卑しい堕落を象徴するものとして恐れられている。アメリカの市街地では、雑草は思いがけず生えてきた植物だ。ゆえに、感染症などの病気、ドラッグの販売人、不法投棄、ますます頑丈な雑草を生み出す建物密集地の温室効果を暗示し、ハリケーン・カトリーナやカリフォルニアの住宅バブル崩壊後の廃墟で繁茂している。[9]

人はなぜ、いろいろな植物があるなかで一部を別扱いするのだろう? イギリス原産のイングリッシュ・ブルーベルはツリガネスイセン（スパニッシュ・ブルーベル）より侵略性が低い。繁茂できる森林地の条件がかなり限られるからだ。ツリガネスイセンは適応性が高く、そのため、生意気でしゃばりなよそ者として嫌われている。ヒメリュウキンカは比較的生長期が短いので他の植物を脅かすことはほとんどないが、土中の浅い位置に塊根の絨毯を敷き詰めるため、庭では周囲の植物の生長を阻害する。また、イギリス諸島の生け垣や林地では無害な野草だが、北アメリカでは脅威になっている。ノボロギクは籠で飼う小鳥に適したエサで、民間伝承では根からとった苦々《にがにが》しい香料が頭痛に効き、長年、利尿剤として使用されてきた。しかし市民菜園では、葉を襲うサビ菌やマメ科の黒根病を引き起こす菌類を宿すため鍬《くわ》で刈り取る。ノボロギクに含まれるアルカロイド（植

舗道で育つタンポポ。

ブッドレアは壁にも根を張る。

スダマが妻と並んで座り、妻は夫に神クリシュナの力を借りるよう促している。掘っ建て小屋の外、草茂る庭で伸びている雑草は貧困の象徴チョウセンアサガオだ。インド、ガルワール。1775 ～ 90年頃。作者不詳。紙に不透明水彩。

物塩基）はサイレージ（発酵させた飼料）に残留する。したがって、農夫にこれを食物連鎖から外す知識がないと、家畜の肝臓にダメージを与えてしまう。ノボロギクへの偏見は名前にも表れている。ノボロギクの英名「groundsel」はアングロサクソン語（古英語）の「grounde-swelge（地面を丸飲みする者）」が由来だ。容易に繁殖する習性と自由奔放で抑制が効かない特徴を示している。いっぽう、原種は膿の湿布剤として使われていたため、一般に「膿出し草」と呼ばれている。

最近の文学界は、雑草をいとも簡単に排除する傾向に待ったをかけている。雑草は長年、多くの文化で実践的な役目を、とくに飼料として果たしてきた。たとえば、シロザは新石器時代から16世紀まで、ビタミンCを豊富に含む植物として利用され、さ

イングリッシュ・ブルーベル。水彩。1903年。

らに、16世紀には種子を製粉して使っていた。雑草は肥料としても活用できる。生物多様性において不可欠な要素でもある。薬、化粧品、媚薬、毒にもなる。布地、シェルター、燃料にも使える。そう、用途はたくさんあるのだ。一部の雑草は野生動物を引き寄せて作物を受粉させ、害虫を殺し、獲物を誘い出す。アーティストたちは抑えられない野性への願望の象徴として雑草に惹かれている。都会にも自然あり、だ。

ネット上で雑草を調べると、マリファナ、通称「ウィード（雑草）」がヒットする。1960年代に好んで使われた呼び名だ。当時は人種や男女平等に関する急進派の見解が広まっていたため、雑草や雑草に対する従来の誹謗について再評価されるようになったのだろう。大麻として知られるこの植物は、中央アジアおよび南アジアが原産だ。乾燥させ、通常はタバコのように吸う。樹脂はケーキの材料にもなる。イギリスでは購入することも可能で、大麻茶を淹れたり、気化吸引したりする。もっとも効能を高めたものがスカンクだ。向精神作用の強いこのドラッグは幸福感と安堵感をもたらし、ときに重い偏執病を誘発する。利用に関する最古の記録は紀元前3000年にまでさかのぼる。中国、新疆《しんきょう》の北西部ではミイラにされたシャーマン［霊と接触して予言や治療をおこなう宗教的呪術者］の脇で発見されている。死後の世界に旅立つシャーマンを見送るために使ったのだろう。娯楽ドラッグとしてもっとも人気のある大麻は、19世紀後半のアメリカで「飴《あめ》として『魅惑のアラビアガンジャ』という名前で販売されていた」［『邪悪な植物』／エイミー・スチュワート著／山形浩生監訳／守岡桜訳／朝日出版社／2012年］。20世紀前半以降は広範囲にわたって法による規制がかけられていたが、最近になって緩和されている。たとえば、ウルグアイは大麻の栽培、市場売買、使用を合法化した。アメリカでは23州で医薬品としての使用を許可するだけでなく、コロラド州とワシントン州では娯楽としての使用を認めた。比較的害の少ない楽しみなのか、はたまた、深刻なドラッグ依存への入り口となるのか、議論は続いている。

古典文学では、ローマ神話の女神ケレースが娘プロセルピナを亡くした悲しみを忘れるためにケシを創り、その種子を食べた。睡眠導入剤となるケシ（学名 *Papaver somniferum*）はモルヒネやその派生物ヘロインを作る原料だ。ヘロインという名称は古代ギリシア語で英雄を意味するヘーロースが由来で、ヘロインを摂取すると、たちまち驚くべき力と勇気を得て神になったような気分になる。ケシが初めて栽培されたのは紀元前３４００年のメソポタミアで、シュメール人［メソポタミア文明を築いた初期の民族］は「フル・ギル（至福の植物）」と呼んでいた。当初は南アジアからパキスタン、ラオスにかけての比較的狭い区域で育っていたが、現在は南アメリカで大量に生産されている。いまもその美しい花を見るために多くの庭で育てられており、種子を乾燥させたケシの実は昔からパンの表面を飾っている。最近では、ドバイで、スイス人旅行者が密輸の罪で4年の禁固刑をいいわたされた。ロンドン・ヒースロー空港でトランジットのさいに食べたロールパンから3粒のケシの実が衣服に付着し、それが探知されたのだ[10]。

数千年のあいだアフリカと中東で麻酔薬として使われてきたカートは合法の覚醒植物で、こんにちではヨーロッパの各都市で多くの人が道端で楽しんでいる。通常、この低木の葉は口に入れ、噛みタバコのように噛んで出てくる液を味わう。カートは困難な状況に陥ったさい警戒心と興奮状態を維持する効果があるため、アフリカのサン人が十分な食事や水が摂れない過酷な旅の道中で利用

マリファナ、別名「ウィード（雑草）」は、1960年代、政治的な反乱を誘発したとされる。

眠りの神ヒュプノスがケシの束を手に、絶世の美少年エンデュミオーンの背後に立ち、眠りの秘薬を垂らしている。おかげでエンデュミオーンは不死なる月の女神セレネと永遠のときを過ごすことになった。古代ローマ、大理石のサルコファガス（棺〔ひつぎ〕）。210年頃。

し、また、現在はソマリアの反乱軍が取り入れている。乾燥した環境で自生するが、イエメンほか各地で栽培されており、年に4回収穫できる。

最近はとりわけ生態学と関連づけて雑草の有用性が再評価されているものの、ほとんどの人が心の底ではいまも有害なものだと思っているはずだ。雑草は厄介者だと認めない農夫は、自分の暮らしを危険にさらしている。雑草にも他の植物と同じように権利と自由を与えたい――そんな理想を掲げ、おそらく経験の少ない庭師は、すぐに自身の分別のなさを悔いることになる。自分の土地に雑草がはびこって手に負えなくなり、数種の強靭な雑草に埋め尽くされてしまうからだ。多少の雑草類が生えても恨みごとひとついわない経験豊富な庭師はほとんどいない。私たちが雑草と呼ぶ植物は、こちらの要望になどまったく無関心で、世の終末を思わせるトリフィド（人造肉食植物）のように暴動を起こす可能性があり、腐敗と病気を広め、地下に隠れた根で触手を伸ばして建物の地盤沈下を引き起こし、ときには自身の生息地を破壊する。理由は、できるから。それだけだ。

この貪欲で邪悪な――したがって秩序には無関心な――植物が蔓延する嫌なイメージは、人間が理想とする自然界からやってくる。理想の自然界は、私たちが要望や希望に合わせてみずから維持しなくてはならないのだ。ほとんどの植物は起源が正確にわからないが、在来種か否かで区別される。その歴史をたどる先は、人類誕生以前なのか、最終氷期以前なのか、どの時点を基準に在来種と外来種を分けるのかについては結論が出ていない。植物の多くはヨーロッパ人が定住して以降、オーストラリアに導入された。イギリス諸島にある全植物相の40パーセントは外国からもたらされたようだ。[11] サンフランシスコ・ベイエリアでは、新たな植物の侵入率が1851〜1960年は55週間に1種だったが、1961〜1995年には14週に1種に増えている。この割合の変化からして、地球上の植物相がいずれ最終的に生き残るたった数種の勝者のみに激減する危険性が指摘されている。[12] おそらく、21世紀の「エデンの園」は、その名に値しないお行儀のよい雑草だけが生き残り、結果、自然は管理されたテーマパークと化し、趣もなく、予測可能で、まちがいなく人間の管理に依存していることだろう。

雑草を研究する科学は比較的新しい分野だ。その起源は植物の詳細を初めて客観的な目で観察した人たちの調査にさかのぼる。それまで雑草は、人間の目的を邪魔する厄介者として取り上げられる以外は無視されていた。そんななか、レナード・ジェニンズとチャールズ・ダーウィンの恩師、ジョン・スティーブンス・ヘンズローは新たな視点を持つ博物学者のひとりだった。

ヘンズローは歩きながら、道端に生えている雑草の細かな特徴のひとつひとつを観察したのだろう。それによって、雑草の構造や関連性、多様な葉や花の異質な形状、そしてそれらが植物形態学の法則を確立する役目を果たしているという一般論を打ち立てたのだ。[13]

1965年、H・G・ベイカーは雑草の特徴リストを作成し（1974年改訂）、その後に続く多くの研究の礎《いしずえ》を築いた。対象は農地や荒れ地の雑草のほか、道端に生える雑草も含まれている。作物に直接および間接的に悪影響をおよぼす雑草、飼料に毒を加えて家畜にダメージを与える雑草、水流や航路を妨害する雑草、また、花粉症や皮膚炎など公衆衛生を危険にさらす雑草、そして、他種植物の生長パターンを大幅に狂わせ、生態系を崩す環境破壊の要因となる雑草を取り上げた。[14]

ベイカーの理想的な雑草には以下の特徴がある。

1　多くの環境で発芽する能力を持つ。
2　発芽するまで待機することが可能で、種子の寿命が長い。
3　発芽してから開花までの生長が速い。
4　生長の条件がそろえば、いつでも種子を付ける。
5　通常は自家和合性［雌雄同株で自家受粉でも正常に受精し結実する性質］を持つが、完全なる自家受粉や無融合生殖［受粉しない無性生殖の一種でクローンの種子を形成する］ではない。たとえば、エゾノチチコグサは北アメリカ東部に生える多産な雑草で、種子から発芽するか、匍匐茎《ほふくけい》からクローンを再生する。匍匐茎とは、環境によって地上付近を這い、節から根を出す茎のことである。
6　通りすぎる動物、昆虫、鳥、風によって異花受粉にも適応する。
7　良好な環境下で大量の種子を付ける。

8 耐性と適応性に優れ、さまざまな環境下で種子を付ける。
9 種子伝播は短距離、長距離、どちらにも対応する。
10 多年生の雑草は繁殖力が旺盛で、根の一部があれば再生する。
11 多年生の雑草はちぎれやすく、根元から抜きにくい。
12 独特な特徴を備え、種間競争に強い。ロゼット葉［重ならないように放射状に伸びる葉］を広げたり、他種植物の生長を阻害するアレロパシー物質（他感物質。草食動物や競争相手の植物から自身を守るために生産する毒素）を出したりする。[15]

しかし、このリストは入門ガイドとして利用するには役立つが、ほとんどの頑丈な雑草はこれらの特徴を数個しか持っていない。たとえば、オニツリフネソウは繁殖力が旺盛で、19世紀半ば以降、北ヨーロッパの荒れ地や庭を侵略しているが、リストの特徴はふたつしかあてはまらない。逆に、オオイヌノフグリやハコベのようなほとんど害のない雑草はあてはまる項目が多い。多くの在来種や外来種が指数関数的に増殖するまでの期間はそれぞれ異なるため、[16] 実際のところたやすく駆除できるうちに見つけることは容易ではない。重要なことだが、どの雑草がはびこるかを予測するさい、かつてこうした特徴リストが役に立ったことはないのだ。[17] もちろん、雑草研究者の至高の目標はその雑草が根づく前に予測することだ――しかし、これは未来の大量殺人鬼を幼少期に特定するのと同じくらい難しい。

雑草は日光、水分、栄養を他の植物と取り合うため、在来種や作物の生長に悪影響を与える。農

オオイヌノフグリ。M・ブシャールによる彩色エッチング。1774年。

家にとっては収穫量が減少する要因だ。作物が雑草に侵され、からみつく雑草のせいで収穫作業の手間も増す。たとえば、開発途上の農場では作物を鎌で刈り取るさいに邪魔になるし、開発の進んだ農場でも巨大なコンバイン収穫機にダメージを与える。一年生の雑草は早く乾燥するため火事の原因にもなる。不注意にも消火器に種子が付着すれば、別の場所に運んでしまいかねない。道端に雑草が茂れば道路の見晴らしは悪くなる。とはいえ、雑草は多くの昆虫に宿や花粉を、野生動物にエサやシェルターを提供しているのだ。

私は、「人間の要望など我関せずの気まぐれな自然」に蒼かれている。ずっと繁茂し続けている雑草がその縮図ではないだろうか。雑草は突然の洪水や地震による大災害を暗示している。つまり、人間がどんなに努力してもこの世は支配できないということだ。雑草は自然界の美しさとともに荒廃も私たちに伝えているのだろう。畑や庭園の人工的な構造と、自然植物界におけるすさまじい進化のあいだには壁がある。

「ザ・フラワー・ポット・メン」（1952年〜）に登場するリトル・ウィードは元気がない。

私が育ったのはイギリスのひなびた田舎町だった。子供の頃はBBC放送の番組「ザ・フラワー・ポット・メン」に出てくるリトル・ウィードと自宅の庭に生えている雑草の区別がつかなかった。当時のリトル・ウィードは現在のような母なる大地に咲く元気なヒマワリではなく、質素で控えめな雑草で、どちらかといえばタンポポに似ていて、声もかぼそく、「ウィーーード（雑草）」としか話せなかった。リトル・ウィードは私の保護を求めていた。タンポポの花を摘んだとき、白い液が垂れてきて、花はだらりとなり、花びらもしぼんでしまった。あのとき私は、種子を飛ばす時期までそっとしておくべきだったんだ、と悟った。かたや、私の祖父は大胆にも自分の芝生を荒らす忌まわしいタンポポやギシギシに残らず毒を盛った。すると葉はぱりぱりと乾燥し、祖父は安心したようだった。ところが、翌年、雑草はまたすっかり元気になって、祖父は面倒な作業をまたいちからやり直すのだ。

祖父はウィードというあだ名で通っていた。結婚して祖母が臨月を迎えたとき、祖父は庭の草取りを頼まれた。祖父は鏡を何枚も立てて、祖母が窓越しに作業を眺めながら指示できるようにした——親指を上げ下げしてイエス、ノーを伝えるのだ。祖父は熱心に雑草を探して容疑者となる若くて弱々しい根をフォークで刺し、祖母に見えるように持ち上げた。「雑草かい?」と唇だけ動かす。すると祖母は、ただ残念そうに微笑み返すだけだった。大切なベゴニアやパンジーの苗の命を救うには手遅れだった。ここで思い出した格言がある。難なく地面から引き抜ける草は貴重な植物だ——雑草ではない。

第1章　雑草とはなにか

価値があると思う植物を雑草とは呼ばない。雑草とは野生の花でも薬草でもない。貴重な植物や探し求められる植物でもない。雑草を雑草たらしめるのは、私たちの態度なのだ。もしその雑草が有害で侵略的な外来種なら真剣に対処される。雑草はありふれた植物だといわれがちだが、私たちがありふれた人間だと評価されたら、育ちも振る舞いも庶民的で野暮だといわれているようで気分を害するだろう。エミリー・ブロンテは『わが魂は臆病ではない *No Coward Soul is Mine*』（１８４６年）という詩のなかで、人間の信念を「しおれた雑草さながら役に立たない」と表現した。イギリスのアイルズベリー伯爵夫人は、小説家のオーフォード伯爵ホレス・ウォルポールに宛てた手紙で、人の精神に明確さが欠けていることを表現するために雑草のイメージを用いている。「人は心の草むしりをしなければ、いずれイラクサに覆われてしまいますわ[1]」

もしあなたが農民か主要道路の路肩管理人だったり、あるいは、家で庭いじりをしているとしたら、雑草と戦わなければならない。雑草は敵であり、根こそぎ抜く必要がある。ところが、なにし

雑草はすべて、どう考えても好ましくない環境で生き延びる。

ろ頑丈なので応戦してくる。雑草は人間が根絶しようとする試みに抵抗する力があるからこそ雑草なのだ。植物は生き残りをかけて競い合う。動物と違って人間とは本質的に異なるため、戦いはゆっくりと、地面で動かぬままおこなわれ、根は見えず、それゆえ腹黒い戦いになることもある。だからこそ私たちは適者生存競争の圧勝者を雑草と呼ぶのだ。ダーウィンはこう書いている。「平和な森や穏やかな野原で、生物の恐ろしくも静かな戦いが繰り広げられているとは信じがたい[2]」

しかし、ここに掲載した写真を見てわかるように、雑草は人間の敵意に歯向かってはくるが、ただ生存に成功しているだけで希望もなければ要求もない。不注意にも私たちが雑草にシェルターや新たなチャンスを与えているのだ。除草するとかえって雑草は地面を覆いやすくなるのである。私たちは雑草の苗をもぎ取り、切り刻み、深く張った根を掘り返し、日光を遮り、さらには葉に浸透性の農薬を浴びせて

雑草取り専用のフックとフォーク。毎月の労働を描いた暦の「6月」。ガラスの円形パネル。1450 ～ 75年頃。

びしょぬれにする。しかし、攻撃的な植物を全滅させせようとする必死の努力もむなしく、残っていた根の小片が難なく生長し、どんどん増えていく。種子は新たな土地に運ばれ、葉が生い茂る。除草剤も雑草を死滅させるほど土中深くには届かず、長い目で見れば、事実、人間が雑草を強くし、未来の生存競争に向けてたくましくしているのだ。いわば、雑草は植物界で勝利し、人間は動物王国で勝利し、そして雑草と人間は対立している。さて、勝つのはどちらなのか？

ようするに、人間にとって雑草とは特定の植物や園芸用の種《しゅ》や属ではなく、植物界の脅威という概念そのものなのだろう。たとえば、直根類のニンジンは、かつてコムギ畑の雑草だった。「雑草」という言葉は、私たちの態度が揺れることを示唆している。ナガハグサは牧草地ではありがたい飼料だが、コロラド州のロッキー・マウンテン国立公園では在来種にとって脅威となっている。根茎が厚い塊となって、掘り起こせないほど硬くなっているのだ。ニレは20世紀後半にヨーロッパ全土と北アメリカのほぼ全域で「ニレ立ち枯れ病」の被害を受けたため、現在はかなり希少価値が高まっているが、かつてのイギリスでは平凡な植物で「ウースターの雑草」［ウースターはイングランドの都市］と呼ばれていた。

理想的な芝生は背景の文化によって変わる。除草剤が普及するまで、中世の芝生は花や薬草でいっぱいだったのだろう。「芝生はかぐわしい絨毯のようで、そこで散歩したり、踊ったり、座ったり、寝転んだりしていた」[3]。ヨーロッパのローンボールズ［ボールを転がして目標に近づける競技］は古来手入れの行き届いた芝生でおこなわれてきたが、ごく最近、そのグラウンドからコケを根絶しなければならなくなった。かたや、日本の青々とコケむした芝生は労を惜しまずすべて手作業で除草しているにちがいない。ゴボウは野原に生える雑草でありながら庭で重宝されている。ウマノチャヒキはアメリカの大平原では有毒な雑草だが、冬や早春には家畜の飼料になることもある。[4]

雑草は昔から「まともに育たない植物」のカテゴリーに入る。医学者ガレノスの父、アエウリウス・ニコンは種子を研究し、雑草の種子は正統な植物の種子が変質したものだと信じるようになった。通常、畑には複数の穀物の種子を草本性植物［1年以内に開花・結実して枯死する植物］として

裕福な外国人が住む豪邸の芝生で雑草取りをする中国人女性たち。上海。1890～1923年頃。

蒔く。ニコンの説によるとドクムギやアエギロプス属（学名 *Aegilops*）（［ゲニクラタ *geniculata*］またはオヴァタ［*ovata*］）。ヤギムギのこと。地中海沿岸でよく見られる有毒な雑草）は突然変異から生まれたものだ。ミュージカル「マイ・フェア・レディ」でヒギンズ教授は、イライザにアスコット競馬場を訪れるのにふさわしい服を着てほしいと願い、こう助言する。「こっちに雑草、あっちにも雑草が飾ってあるような服はよろしくない」。花のつもりでいったのだろうが、教授は正装の威厳がみじんもないデザインをさげすむために雑草という言葉を使ったのだ。

雑草のなかには精神的プレッシャーをかけてくる怖いものもある。それらは選ばれし大切な植物にとって脅威であるだけでなく、存在そのものが危険で、管理できない人間の無能さをあざ笑っているかのようだ。見た目にもいわゆる不格好で不揃いで醜く、さらにまちがいなく攻撃的で、まさしく、19世紀イギリスの美術評論家ジョン・ラスキンが表現しているとおり屈強

イギリス、マトロックのヴィアゲリアに根づいたゴボウ。フランシス・フリス撮影。1850 ～ 70年頃。

ゴボウの葉のスケッチ。カール・ヴィルヘルム・コルベ。1826 ～ 28年。

だ。ラスキンは雑草を植物の堕落した形であり人間の心の隠喩だと記した。人間の心とは、

……だめになった思想の、漂う、はかないもつれ草にすぎないのだということは、おわかりいただけるでしょう。いや、さらにおわかりになるにちがいないのは、実際、たいていの人々の心が荒れ野原と申してもよいくらいのもので、ほったらかされたままでこちこちになっていて、一方では不毛な部分と、他方では邪悪な推測が悪疫こもる藪《やぶ》や有毒な雑草となって生い茂っている部分と……こんな藪は、みんな燃やして……それから耕し、種をおまきください。[5]『この最後の者にも・ごまとゆり』収録『ごまとゆり』／飯塚一郎、木村正身訳／中央公論新社／2008年」

雑草はよくタフな暴漢にたとえられるが、通常はおとなしくて貧弱な人間を表す。いわば、十分な陽を浴びず、繁茂する場所もない、弱々しい植物だ。また、体格の小さい下等な馬を指す言葉でもある。つまり、雑草はロックミュージカル「リトル・ショップ・オブ・ホラーズ」に出てくるオードリー2のような恐ろしい鉢植えの食人植物でもあり、逆に、かわいそうなほど育ちが悪く、人間にとって取るに足らぬ植物でもある。雑草は病気の宿主になり、周囲の繊細な植物の生長を止め、たいていは見えない根を深く張って繁茂する。スミレはかなり貧弱で、花も小さくて魅力がなく、まるでまっすぐに立つ自尊心を失ったかのようにじめじめした暗い隅っこに生える。逆にタンポポはみずみずしく健やかで、元気な根には害もなく、人目につく花を咲かせ、大量の種子を付ける。このパラシュートのような種子は繁殖にはもってこいで、好きな土地に飛んでいって着地する。ま

るで人間の欲情を表しているかのようだ。絶大な信頼のおける19世紀イギリスの造園家J・C・ラウドンは雑草を「単に野生種というだけで、洗練された植物同様、植物の一種である」と定義した。[6]ここでこれまでの矛盾にまた別の側面が出てくる。もし、自然界が理想どおり人間の支配下にあるのなら、野生の自然界と、人工的に選択し、造ってきた自然界との相違はなくなるのではないだろうか。

雑草といわれる植物のなかにも、作物の収穫高をあげるためにひと役買っているものがある。たとえば、インドの乾燥地帯でキビの生長を促すためによく利用されている3種、サクラソウ、オオフタバムグラ、ケイトウだ。メキシコでは意図的にキンレンカなど数種の雑草を放置している。薬として利用したり、儀式で使用したりするほか、土壌の質を改善すると考えられているからだ。[7]オーストラリアでは、シャゼンムラサキ（学名 *Echium plantagineum*）は放牧地で有毒になるが、乾燥させた飼料は非常用の備蓄になるため正反対の含みを持つふたつの通称――「パターソンの呪い」と「救世主ジェーン」――がある。外来種の導入は危険だと強調されているが、アルゼンチンではバラの一種ロサ・ルビギノーザ（学名 *Rosa rubiginosa*）は過度な放牧を避け、また、在来種を再生させるためにあえて育てている。[8]こうした対処は異例ではなく、雑草とされる植物を有用な植物として利用しているかなり典型的な方法だ。

最近では、野生を取り入れ、これまで農業や自治体、家庭の園芸に根づいていた偏見を取り除くよう試みられているが、雑草を育ちの悪い厄介者とみなす傾向はなかなか消えない。植物は人間に関心がないが、人間は植物に抵抗されたり、そのうえ利益を奪われたりすると敵視する。人間のう

「壁の花にふさわしい雑草たち」。ポストカード。1910年頃。

ぬぼれは凝り固まっているため、雑草が故意に私たちを妨害している、といとも簡単に思い込むのだ。アザミは人間が懸命に駆除しようとしても、くる年もくる年も繁茂する。カキドオシは除草しようとするとかえって蔓延し、雑草も生き残りに必死なのだと痛感させられる。

雑草には比喩以上の意思があるのかもしれない。[9] たしかに、雑草にはかなりの適応能力があり、環境が変わってもそこからなにかを勝ち得る。つまり、知恵があり、狡猾でさえあるのだ。アメリカのジャーナリスト、マイケル・ポーランは、適者生存のためにさほど意識は重要ではないのかもしれないと述べ、私たちに問いかけている。適者生存競争において、人間は多くの植物をしのいでいるといえるだろうか? 望ましくない雑草に対しては農業法が施行されているが、実際のところ、土地開発のために森林を伐採することで、雑草に以前より旺盛に繁茂する機会を与えているのだ。もしかすると、雑草は自分がよりよい環境で生長する

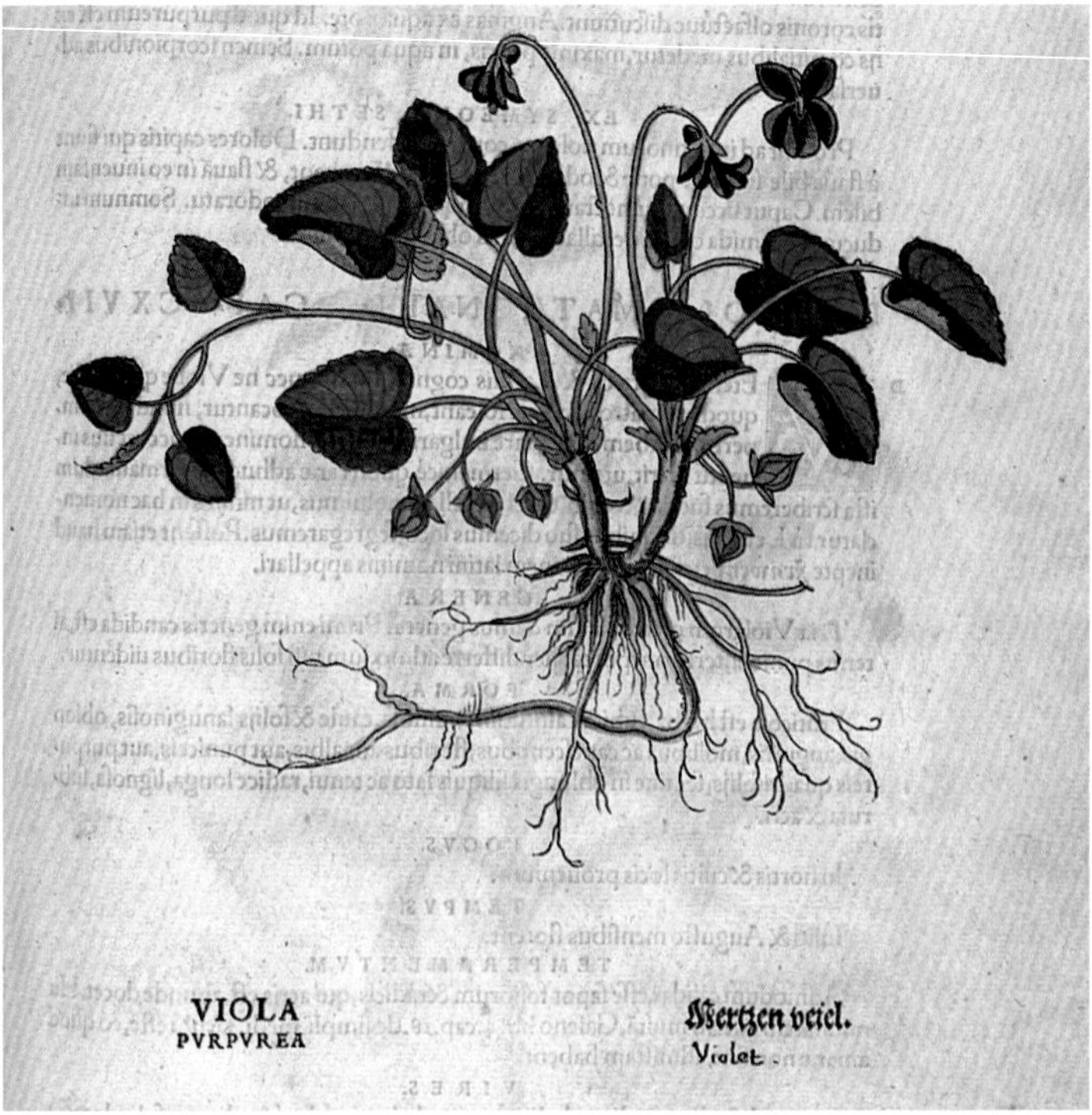

スミレ。レオンハルト・フックス『植物誌 *De Historia Stirpium Commentarii Insignes*』（1542年）より。

ために、人間に森を伐採させていると考える人さえいるかもしれない。人間が草を刈ると、その根は強くなり、木を打ち負かすようになる。ここでは自然界の生息地を破壊する侵略的な雑草について話しているが、そもそもその生息地はどのように生じたのだろう？　植物は気候変動、大氷河時代の影響、人間がおこなった過度な森林伐採、さらには病気や畜産など、各地域で生じる細かい局所的な変化によって、生い茂ったり枯れたりする。ダーウィンが導いた自然選択説は、雑草にかぎっては無視されてきたようだ。

しっかり管理された栽培や農業とは異なり、雑草は複雑な環境で生長するため、単一栽培では得られない病気への耐性を獲得している。生き残りに必要なら無性生殖による再生も可能だし、再生の方法も環境に合わせられる。場合によっては、十分な雨量があれば、1シーズンにライフサイクルを何度も繰り返すことさえ可能だ。種子は条件が整うまで何年も土の中で待機できる。放射性炭素年代測定によると、発芽した最古の種子は、1973年にマサダで発掘された古代ユダヤのナツメヤシ［ヤシ科の単子葉植物で常緑の巨木］で、約2000年前のものだった。[10] ポーランによると、「0・03立方メートル［1辺約30センチの立方体］の土中に数千個におよぶ雑草の種子が眠っている。日光と湿度の条件がそろうそのときまでじっと待っているのだ」。[11] 種子は人間に頼らず、鳥や動物のフンを介して広がり、昆虫、雨、風によって運ばれ、潮によって海を渡り、日本のアシボソのように陶器を輸送する梱包材に付着して旅をし、あるいは、博学な植物学者のズボンの折り返しに忍び込んで移動する。あとで述べるが、チャールズ・ダーウィンがイギリス、ケント州にあるダウンハウスの一区画で雑草を調査してわかったように、耐性の強い植物は耕地を少しずつ乗っ取っていく。ダーウィンが唱えた適者生存説のとおりだ。

雑草と他の植物は共存していることが多い。これは、除草が非常にうまくいったときにのみ明らかになることだ。毛沢東の政策を例にあげればわかるだろう。毛沢東は穀物を守るために中国のスズメをすべて駆除する作戦に出た。国民は命令どおり、スズメが飛び疲れて落下するまで中華鍋やフライパンを叩いて追い払った。しかし、結局は天敵のいなくなったイモムシが作物を荒らし、広

キンレンカ。鉛筆と水彩。トニ・ヘイデン。

収穫期。後景で雑草が焼かれ、前景では抜かれている。ピーター・ヤルヘア・フルニウスによる版画。原画はヘラルト・クローニン。1585年。

範囲におよぶ大飢饉を引き起こした。飢饉はスズメの数が元に戻り始めるまで続いた。人間が望む植物と忌み嫌う植物との関係は複雑だ。雑草は寒冷で乾燥した地域より温暖で湿気が多い地域でよく育つため、熱帯地域のほうがはるかに侵略される危険性が高い。また、地球温暖化によって問題は大きくなりつつある。熱帯地域で雑草だとみなされる植物が、温帯地域でも繁茂するようになるからだ。だが、もともと希少な植物なら雑草に区分されるかどうかはわからない。

一部の雑草は農業が作り出す環境に依存しており、「数を維持するには人間の管理」を必要としている。[12] さらに、どんな目的であれ土壌や環境全般を乱すと、雑草は根づくチャンスを手に入れる。

雑草の問題をひとつ解決すると、思い

がけぬ新たな問題が浮上するかもしれない。目障りだと思っていたまさにその植物が、他の植物が繁茂するためにどうしても必要な場合もある。ある雑草を除去すると、さらに有毒な植物が生い茂る可能性もあるのだ。

第2章　雑草の歴史

うれしいことも
かなしいことも
草しげる
――種田山頭火（1882〜1940年）

ちょっと時間をとって、雑草のない世界を想像してみてほしい。それは人間が誕生する以前の世界になるはずだ。言葉がなければ雑草という観念など存在しないからだ。先史時代に、鳥、草食動物、昆虫が誕生し、植物とともに暮らし始めた。現在、私たちが雑草だと考えている植物群は、当時、他の比較的弱い植物の生長を妨げていたにちがいない。おそらく、一部は豊かに繁茂して、動物に願ってもないエサを供給し、一部は毒を与えていたのだろう。分類上の属名はなく、通称すらなかったかもしれないが、雑草と呼ばれたであろう植物が存在しなかったことにはならない。

現在、雑草とされている植物の先駆者は生長し、繁茂した。たとえば、ノコギリソウは6万年前に現在のイラクで自生しており、ネアンデルタール人の葬窟で花粉が発見された。野生のエンマー

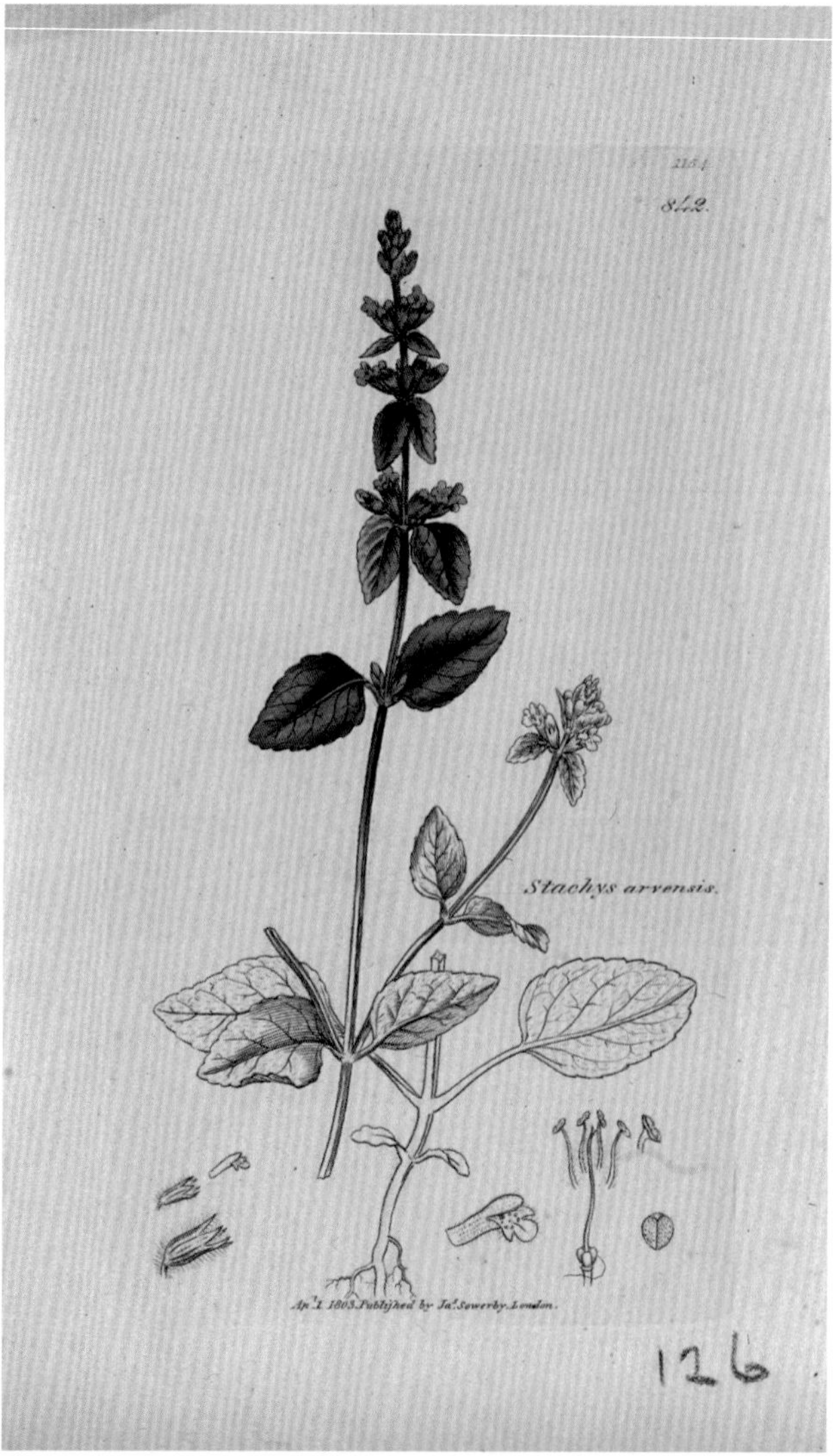

イヌゴマ。花を付けた茎、根、花の各部位を描いている。ジェームズ・サワビーによる彩色版画。1803年。

コムギの種子は東南アジアにある新石器時代の居留地で見つかった。馴染みのある雑草や庭に生える雑草は、魔術信仰や薬草療法の長い歴史のなかで役目を果たしていた。タンポポ、イラクサ、ハコベ、ツタウルシの祖先は、傷に貼る湿布剤として使用されたほか、欲情を抑え、血を浄化し、顔色をよくする治療薬や緩和剤になると信じられていた。また、雑草はこうした不調をはじめさまざまな人間の難事を解決するためだけに存在するという見解もあったようだ。

昔の人が初めてある植物に汚名を着せたのは、その植物が厄介で美しくないと感じたからだ。そしてこのとき、雑草という概念が生まれた。洞窟の絵画や考古学調査からわかるとおり、器具を使って除草していたことが明らかになっている。かつて、ネアンデルタール人は偏食で肉しか食べなかったと信じられていたが、牧草類など野生の植物も口にしていたらしい。当時の道具から種子や植物の残留物が発見され、歯に付着した化石も確認されている。こうした植物はときに調理し、ときに加工したり挽いたりして口当たりをよくしていた。狩猟採集民は食べられるものや役立つものを選択していたのだ。

初期の農民は、勢力のある不要な植物を除去して自分たちの穀物を守らなければならないとすぐに認識した。こんにちでも、農夫や庭師には、鍬《くわ》や根掘り器のような原始的な道具を使って手作業で草取りをしているイメージがある。中国の農民を描いた版画や掛け軸はたくさんあり、みな水田で終わりのない除草作業をしている。同様に、日本の多くの古い巻物にもこうした草取りが描かれている。たいていは女性がひとりで腰を曲げて雑草を抜いている。また、早くも14世紀、ラットレル祈禱書と呼ばれるイギリスの彩色写本には、畑から雑草を抜く道具のフック（鉤《かぎ》）やフォーク

（叉《また》）が描かれている。

現在、有毒な雑草だと考えられている植物のなかにも、かつては重宝され、食材や薬の材料として栽培さえされていたものがあった。たとえば、オオバコ、オニナベナ、ノラニンジンはディオスコリデスの『薬物誌』（50～70年）〔岸本良彦訳／八坂書房／2022年〕に有効な薬として掲載されている。ショクヨウガヤツリはいまや温帯地域の農業にとってもっとも厄介な雑草のひとつだが、かつてはその塊茎タイガーナッツが広く利用されていた。テオプラストスは『植物誌 *Historia Plantarum*』（紀元前300年頃）のなかで、タイガーナッツ（mansion）をオオムギのビールに入れて茹で、甘味を引き出すと記している。こうした甘いものは大プリニウスも言及しており、古代ミケーネ人やアッシリア人が味わっていたようだ。タイガーナッツはエジプト最古の食品のひとつとしても知られている。紀元前15世紀の墓にはタイガーナッツをハチミツで甘くしたレシピが描かれ、王朝が誕生する以前からローマ時代までの墓からはタイガーナッツがいくつも見つかっている。ヒナゲシの赤い花やヤグルマギクの青い花はツタンカーメンの棺の上にちりばめられ、サンダルにはカミツレモドキらしき花が飾られていた。アフリカ北部および熱帯地域の荒れ地とアジア全土で育つナス科のアシュワガンダ（学名 *Withania*）の実はエジプトの墓からも発見され、ナツメヤシの細長い葉に編み込んであった。1000年後の古代ギリシア・ローマ時代にもおこなわれていた慣習だ。[1]プリニウスもエジプトの花輪に使われたアシュワガンダについて記している。その実は強い薬効で知られていた。イタリア、シラクサの詩人テオクリトスは87種以上の植物を記録しており、彼の野生植物への関心は「初期ギリシア文学全体を見ても前例がない」と評されている。[2]

旧約聖書では、トゲとアザミはエデンの園で人間が犯した罪に対する罰であり、神の呪いである。人間が楽園から追放されたことは、植物が人間の要望に従わず敵になったことを意味する。人間は額に汗を流して働き、永遠に雑草を抜かなくてはならない。やってしまった取り返しのつかないことを抹消するために。

お前のゆえに、土は呪われるものとなった。お前は、生涯食べ物を得ようと苦しむ。お前に対して　土は茨とあざみを生えいでさせる　野の草を食べようとするお前に。お前は顔に汗を流してパンを得る　土に返るときまで。お前がそこから取られた土に。塵にすぎないお前は塵に返る。（創世記3章17〜19節）

人間はいわば乾燥した土地であり、不毛の土壌であり、野生の雑草にさえ栄養を与えることができない。アダムとイヴが原罪を犯す前の完璧な庭を思い描いても、奇しくもそれは私たちが求める価値ある自然界とはほとんど一致しないだろう。エデンの園で人間は植物を操れない。ゆえに、植物は人間の態度に合わせた反応を示す。全能の庭師という役目を授けられたのは神にちがいない。もし完全な意識がひとつひとつの植物を創造したのなら、雑草――不要な雑草――という概念はまず意味を成さないはずだ。そう、あたりまえのように雑草を問題視し、雑草の生えない畑や庭を理想に掲げたら、自然は自由気ままで元気いっぱいの喜びを失ってしまう。それこそ人間がもっとも望んでいるものなのに。いずれにせよ、まず存在しないが、エデンの園における理想の庭とは「閉

美しく茂るブラックベリー、ルリジサ、ヤエムグラ。真夏の生け垣。

ざされた園」であり、周囲には雑草が生い茂る荒れ地もあったはずだ。なぜなら、堕落以前にも、楽園が存在するためには対照的な場所が存在したにちがいないからだ。

完璧かつ自然風に造られたさまざまなタイプの庭が、実際の庭であれ象徴であれ、啓蒙主義が誕生するまで勢力を持ち続けた。聖書が力を失い始めていた時期だ。しかし、庭はつねに理想を追い求め、第7章で述べるエコガーデンのように現在の表現を探し続けている。雑草は人間の失敗の比喩にもなっており、人間の住む都市は野生に破壊され、踏み倒され、トゲや尖った植物が楽園との対比を成している。「その城郭は茨が覆い、その砦にはいらくさとあざみが生え、山犬が住み、駝鳥の宿るところとなる」（イザヤ書34章13節）

中世のアラビア哲学は雑草——アラビア語でアル・ナワビ（al-nawābit）——のイメージを政治活動の比喩に用いている。アル・ファーラービー

「閉ざされた園にいる聖母マリア、キリスト、聖人たち」。パネルに油彩。1440～60年頃。

（872～950年頃）は雑草の生長やしっかり地面に根を下ろす特徴と、厳格に真実を探究する人間の役目を重ね合わせた。[3] かたや、イブン・バーッジャ、別名アヴェンパーケ（1085～1136年頃）は「気高い都市の特徴のひとつは雑草が生えていないことだ」としている。[4] アル・ファーラービーが雑草を整った芝生から光のなかへ押し上げるいっぽう、イブン・バーッジャは逆に、粗いメヒシバに埋もれて生長させ、誰かが政治界のジャングルで同じような境遇に立たされるだろうと示唆した。アル・ファーラービーのイメージをもってしても、雑草はつねに真実を得ようと努力しているわけではない。ごく一般的なイメージと同様、雑草はここでもつかみにくい概念であり、賢い支配者は、過ちや

絹のヴェルヴェットに絹糸と銀糸で刺繍したタンポポ。スコットランド女王メアリー作。1570 ～ 85年。

裏切りによって問題が生じないよう、つねに目を光らせていなければならない。そう、ちょうど私たちが雑草を警戒するように。うわべではお行儀がよくても、はびこるかもしれない。雑草は正義より実利を優先するのだ。

スコットランド女王メアリーは長きにわたって投獄され、そのあいだシュールズベリー伯爵夫人エリザベス（ベス）・タルボットとともに刺繍をして過ごした。現存しているもっとも美しい作品のひとつはオクスバラ・ホールの壁掛けで、絹のヴェルヴェットに重ねた亜麻布のキャンバス地に、絹糸と銀糸でタンポポらしき質素な花を縫っている。抑制できない自然の力の象徴である雑草は、窮地に立たされた女性たちにふさわしかったのだろう。

アーツ・アンド・クラフツ運動には、見向きもされない控えめなものを表に出そうというコンセプトがある。そのため、アーティストたちは雑草をテーマにすることが多く、たとえば、建築家チャールズ・ヴォイジーがヒナギクとタンポポをモチーフにした「畝間」（１９０２～03年）や、インテリアのモリス商会が１９０５年頃に発表した「森林の雑草」はどちらも壁紙と

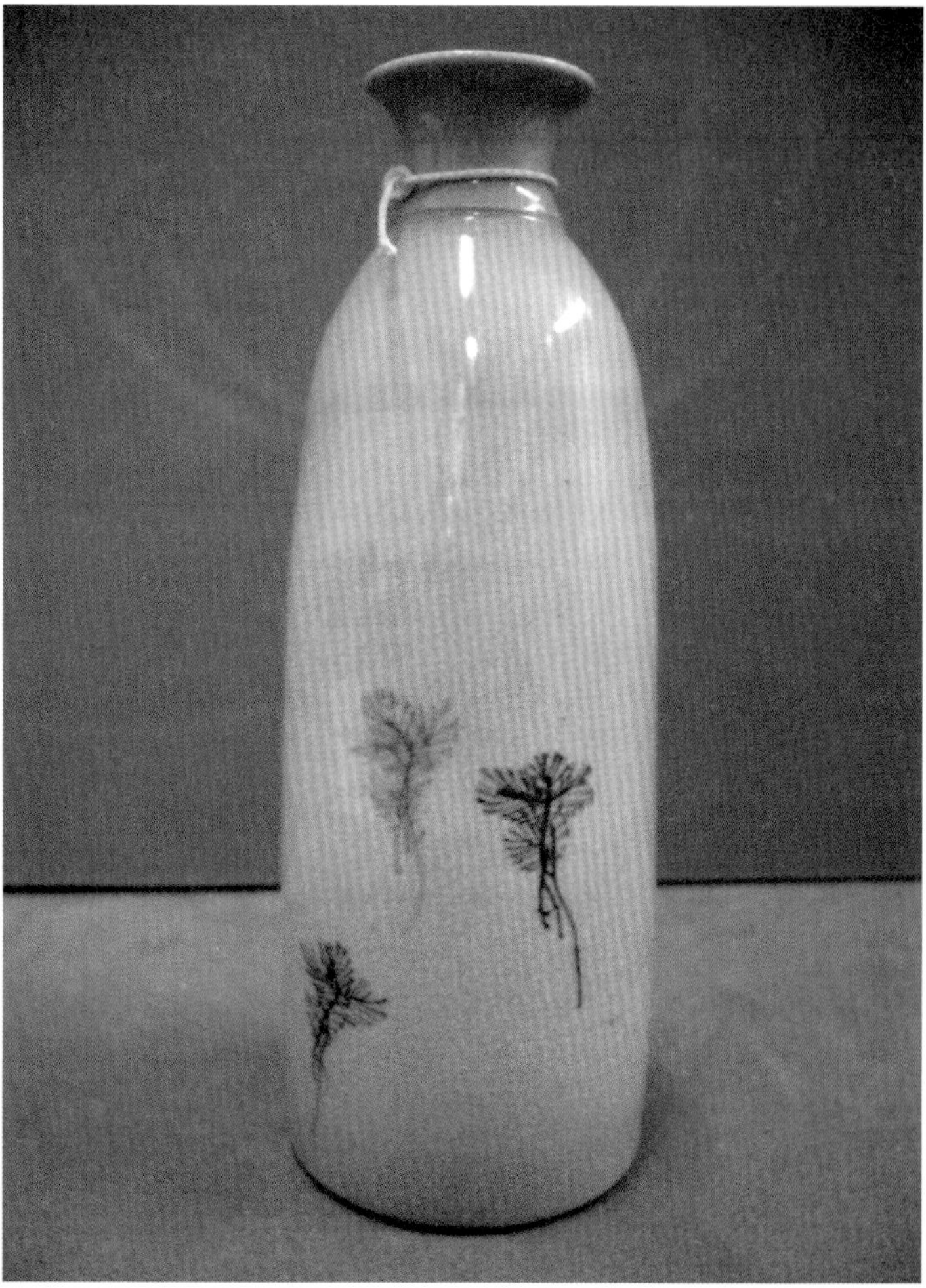

日本の徳利《とっくり》。モチーフの水草が優美に描かれている。

「畝間」。花を咲かせたヒナギクとタンポポをモチーフにした壁紙。チャールズ・ヴォイジーのデザイン。機械によるカラープリント。1902 ～ 03年。

して商品化された。モリス商会を設立したウィリアム・モリスは「中世は大衆芸術が偉大だとみなされる時期だった」とし、学歴のない小作人の労働にもみな価値があると主張した。つまり、雑草取りにも美的意義があってしかるべきなのだ。アーツ・アンド・クラフツ運動の影響はヨーロッパや北アメリカへ、さらに遠方へと広がった。たとえば、1920～30年代には日本で民藝運動が起こり、日本、韓国、中国の職人が創り出す陶器が称えられた。こうした陶器にはシンプルな雑草が描かれ、「美しさと醜さを超越した作品」だと評された。

地味な植物の真価はフラワーアレンジメントの歴史をたどればわかるだろう。日本の生け花を考えてみてほしい。その趣は質素な形や線にあり、よく使われているのはかなり地味な野生の雑草で、人間組織に侵されない自然への回帰という仏教の概念と結びついている。日本の茶道には華道も含まれ、自然と一体化する感覚を味わう。これとは対照的に、北ヨーロッパのルネサンスではあえて豊かさを表現し、夏のバラ、春の雑種チューリップ、異国の果物をふんだんに取り入れた。早くも16世紀にはトルコから低地帯諸国［現在のベルギー、ルクセンブルク、オランダ］に外国の球根が持ち込まれていたのだ。ヴィクトリア朝の花束には19世紀のブルジョワの庭に咲く花々がびっしりと詰められていた。

コンスタンス・スプライは現代風の花屋を営むイギリス人で、業界で第一線に立った初めての女性でもあり、雑草や牧草など通常は使わない植物を扱った。ロンドン東部の貧困地区で校長を務めていたが、自分の持ってきた飼料用の植物で飾りつけを教えたところ、生徒たちが楽しそうにしていることに気づいた。それまで長いあいだ、フラワーアレンジメントは切り花を買える上流階級の

「森林の雑草」。ジョン・ヘンリー・ダールがモリス商会のために考案した壁紙のデザイン。1905年頃。

みの娯楽だったのだ。スプライは生徒たちにお金をかけなくても植物が手に入ることを教えた。やがて彼女は洗練された社交界で花屋として活躍する。1927年、生け垣の植物を用いたディスプレイで、ロンドンのオールド・ボンドストリートにある香水専門店アトキンソンのウィンドウを埋め尽くし、名声を手に入れた。王族にも雇われ、1938年、ジョージ・グリモンドとローラ・ボナム・カーターの豪華な結婚式では、ユリやランではなくシャクだけを巨大な花瓶に生け、ウエストミンスター地区にある聖マーガレット教会の通路を飾った。「野生の花たち」という新しいファッションは、エドワード朝の定番「カーネーションとオオミドリボウキ」を覆した革命だとみなされたが、それでも、慎み深さや謙虚さ、また、日本の生け花が醸し出す繊細な芸術性を失わずに残していた。スプライは、自分の作風はたまたま時代精神にマッチしただけだと主張した。「みんな、プロの花屋が決めるありきたりのパターンに飽きていたし、かといって、まったくの素人が適当にやったアレンジでは物足りなかったのよ」。ただ、2004年、ロンドンのデザイン博物館で回顧展が開催されたときにはかなりの批判も浴びた。スプライの作品を擁護したジャーナリストはこう述べている。「彼女の哲学の原点は、高価なゲッカコウは無理でも野生の花や雑草なら誰でも簡単に入手できるということにある。大金を使える人もいれば、ほとんど使えない人もいるのだから」[5]

スプライの親友で、グラックとして知られるアーティストのハンナ・グラックスタインは、スプライの影響を受け、花の絵を描くときに野生の花や雑草を取り入れるようになった。「しおれた花」にはシャクやケシの花が描かれている。こんにち、フラワーアレンジメントにふたたび雑草を加える傾向が出てきた。おそらく、熱帯のオウムフラワーやランなど異国の花を使うようになったこと

シャクとアザミを描いた生地。イギリス王室御用達ブランドGP&Jベイカー社のデザイン。1900年。

への反応だろう。野草の花束というアイデアは社交界の結婚式でもよく見られるようになった。ケイト・ミドルトン（キャサリン妃）のブーケは、ダイアナ・スペンサー（ダイアナ妃）の凝ったブーケとは異なり、小ぶりでありふれた花やツタが含まれていた。ほかにも多くの新婦のブーケにヤグルマギク、ケシ、シャク、ヒメオドリコソウ、ドライフラワー、さらにはハマナなど、野の草花が用いられ、まるでありふれた植物が花嫁の謙虚さを表しているかのように思える。

ファッション界では、雑草を好む傾向によって、従来の定番からそれるターニングポイントを迎えた。19世紀末、ラファエル前派［19世紀半ば、イギリスで生じた芸術家集団。素朴な初期ルネサンス美術を模範とし、ありのままの自然を正確に写し出そうとした］が新たなボヘミアンスタイルを生み出し、野生という概念にこわだった。コルセットの上にゆったりした上着をはおり、男性は爪先の

「少女たちが集うバラのつぼみのある庭」。ジュリア・マーガレット・キャメロン撮影。1868年。少女たちの長くぼさぼさの髪とゆったりとした上着が野生の花やからみあった雑草と調和している。

シャク、ブラッダーシード、チャービル。ウィリアム・ディックスおよびアン・プラット原画。

出るサンダルを履き、襟ぐりが大きくあいたシャツを着て、無精ひげを生やした。雑草ファッションは服地にも表現され、緑などのアースカラーを用い、田舎風の服、型にはまらないヒッピー的な服、民族衣装に花柄をあしらった。こうした服は通常ゆったりとして透けており、男女の区別はあえて避け、性の解放を訴えた。髪は男女とも伸ばし、あるいは、女性が刈り上げにすることもあった。足は裸足で、身だしなみには気を遣わない。ポイントは、気だるそうで、緊張感のない、冷めた立ち居振る舞いだ。こうした雰囲気は、乱雑に蔓延した無作法な雑草のイメージと重なる。

1960年代後半～70年代、ローラ・アシュレイはヒッピーや乳しぼりの女性をヒントにしたデザインを発表し、「地位なんかいらない」というスローガンを掲げた。思い返せば、1980年代前半、髪をレイヤードにカットし、ボリュームを出したソバージュがはやった。流行を追い、さらに流行を超えた気分を味わうのだ。ソバージュはまるで茂みから抜け出てきたように見えるため、ほったらかしにされた野生の雰囲気を演出できる。いわば花は貴族やブルジョワで、雑草は労働者だろうか。[6] 雑草は現在も政治的反乱と関連づけられている。雑草だらけの庭は不服従を示し、ストリートファッションを取り上げているインターネットのブログのタイトルは「アーバン・ウィード（都会の雑草）」だ。むろん、布地を表す古い言葉「ウィード」を思い出させる意図もあるが、その裏には、都会らしい、冷めた、無礼な、伝統にとらわれない、気抜けした、どうでもいいという尖った感覚が潜んでいる。

　フランダース・フィールド［ベルギーのフランデレン（フランダース）地域とフランスのノールパドカレー地域］では、第1次世界大戦時、ヒナゲシが生存、美、復帰の象徴となった。ヒナゲシはひ

絹糸で刺繍したケシ。フランダースに送られたタバコケースの内側。1914年。

どい土壌でも育つため、農地、道端、荒れ地などどこでも繁茂する。種子は3メートル飛ぶが、風に乗ったり鳥がフンに混ぜて落としたりすればさらに遠くまで移動できる。生き残っている多くの雑草と同じように、種子は長年休眠することが可能で、状況が整ったら芽を出す。この特性は荒れ果てた泥だらけのドブで効力を発揮する。こんな場所で生長して花を咲かせられるのはヒナゲシだけだろう。ヒナゲシは劣悪な環境で美をもたらして心を和ませてくれるいっぽう、戦死した多くの若者を想起させる。その鮮やかな赤い花が流れた血と重なるのだ。詩人ジョン・マクレイはヒナゲシを詩に登場させ、「十字架のあいだで幾重にも重なって」と綴っている。あたかも遺体が重なり合うかのように墓地に生えていたのだろう。若いつぼみはまるで咲くのが嫌だといわんばかりに茎から垂れさがり、フリルのような深紅の花びらを広げる。花の命は短く、1日しか咲かない――この儚《はかな》い習性から、ヒナゲシは塹壕に身を隠す兵士のイメージを保ち続けているのだ。

考古学者はメソポタミアとローマの遺跡でエンマーコムギの種子をたびたび発見してきた。イワミツバは痛風の症状を緩和するため、ローマ人がイギリスに持ち込んだらしい。古代社会や、現在も採集をして暮らす先住民の文化では、野草と雑草は薬や飲料の材料だ。アメリカ先住民は自分たちの土地に入ってきたオオバコを「白人の足跡」と呼んでいる。入植者が作った小道を、すぐあとからついていったのだろう。「白人の足跡」という通称はイラクサにも使われていた。クレタ島では野生のチコリ（学名 *stamnagathi*）を毎年イースター（復活祭）のさいに採集する。同様に、フランスではキュイエット（収穫祭）という伝統的な年中行事で植物を採集している。

19世紀のアメリカでは、ラルフ・ウォルドー・エマーソンとその考え――雑草とは単に生える場所をまちがえただけの植物だ――に影響を受けたヘンリー・ソローが、野生の食材を採集しようと提唱した。ソローにとって土着の植物は輸入された多くの植物よりも貴重だった。ヤナギの枝の強さにいたく感動し、切り取って近くにあるマメ類の支柱にしたところ、根を張り、マメより元気に生長した。ソローはこの生存能力に深い印象を受けた。入植者が新たな土地で貧困に負けず必死にがんばっている姿と重なったのだ。そして、ラテン名はヤナギに敬意を表していると書き残した。

これら雑草を見よ。春も夏もずっと大勢の農夫が鍬を使って除草しているのに、それでも繁茂し、路地、牧草地、畑、庭のあちこちで勝ち誇ったように芽を出している。これが雑草の活力だ。我々はこれまで雑草を見下した名前で呼んできた――ブタクサ、ヘビノキ、ヒヨコグサ、ニシンバナ。だが、勇敢な名前もある――アンブロシア（神の食べ物）、ステラリア（星）、アメランキア（蜂蜜草）、アマランス（不滅の花）などだ。[7]

にもかかわらず、ソローの空想的な自然観はマメを栽培してみて打ち砕かれた。作物を栽培するということは、自然相手に自分の望む結果を要求するからだ。ソローは「雑草を刈って溝に埋め」ながら、「長期にわたるつかみどころのない戦い」に挑まなければならなかった。[8]だが、マイケル・ポーランによると、ソローはこの想像力に欠ける見解をすぐさま捨てたようだ。結局、ソローはただ農業を面白がっていただけで、さっさとエマーソンが示した形而上学的観点に立ち戻った。

太陽は我々が耕した畑、大平原、森林を区別なく見おろし……（これらのマメは）ひとつにはウッドチャック［リス科の動物］のために育つのだろう……かならずや収穫できる。それに、種子が鳥のエサになるのだから、雑草が生い茂っていて喜ばないはずがないではないか。[9]

いかにも、ソローが自分の生活のために作物を栽培していたなら、こうした自然秩序の恵みにふたたび目を向けることはなかっただろう。

地球上のあちこち、耕作地の周辺や共有地では、いまも野生の作物を自由に採集しているところ

花瓶に生けた切り花。開花の時期が異なる花を集めている。ギュスターヴ・クールベによる静物画。1862年。

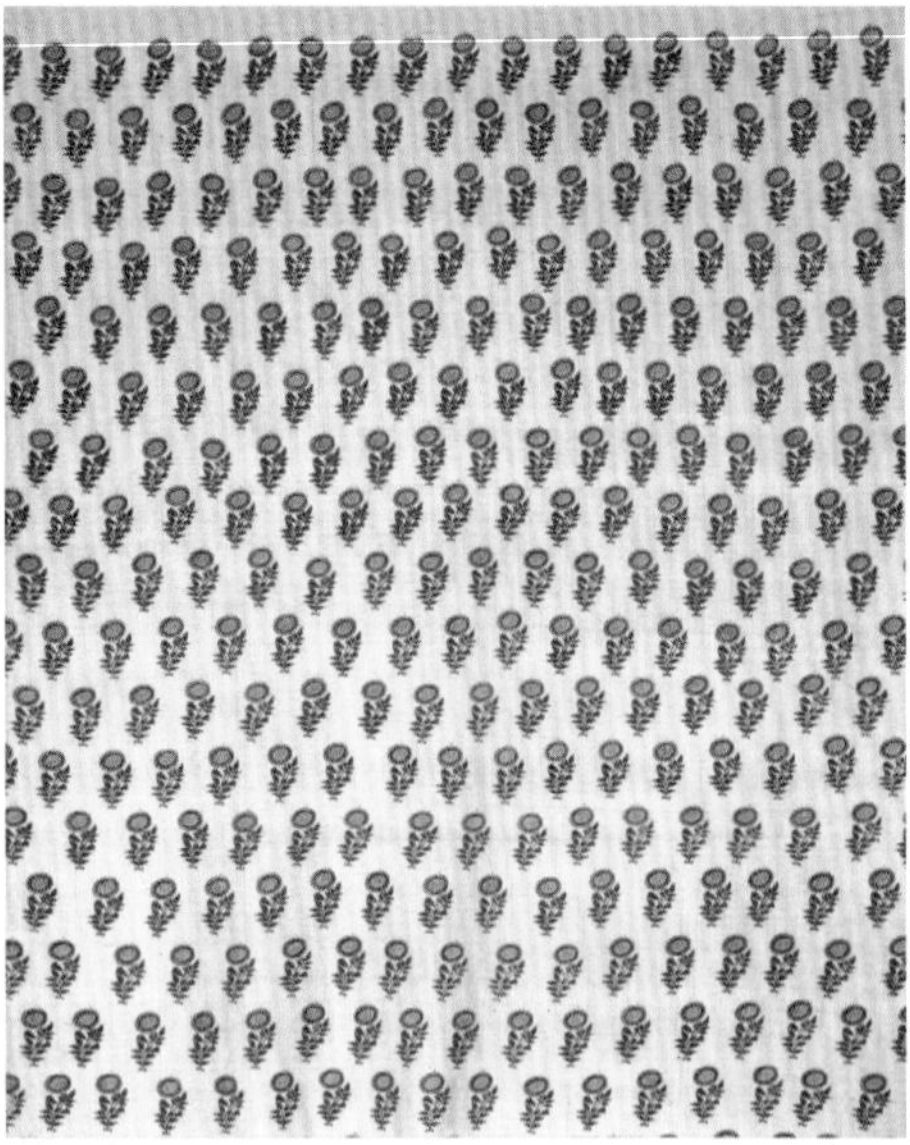

絹地の木版染め。モチーフはヒマワリかマリーゴールド。トーマス・ウォーデル作。1878年。オリジナルはJ・C・ロビンソンの『装飾芸術の宝 *Treasury of Ornamental Art*』（1857年）に掲載。もともとはペルシアのデザイン。

がある。必要に迫られての場合もあるが、西洋ではソローのように思い描いた空想的な過去とつながる手段としておこなっていることが多い。

耕作地には栽培のあいまに放置されている裸土壌も含まれる。シーズンオフはすでに作物の収穫が終わり、土地が自然の環境にさらされ、あっというまに侵食が進むため、マルチ［根覆い］や肥料が必要になる。掘り返した土壌には、手つかずの荒廃地に根を下ろせなかった種子が気ままに風に乗ってやってくる。鋤の効率がさらによくなると、土地に与えるダメージも大きくなった。ガートルード・ジェキルやウィリアム・ロビンソンのような園芸家は地面を埋め尽くす植栽を称賛している。縁取りの花壇には一年生や二年生の植物を混ぜ、農作物は単一栽培にして、雑草を抜き、除草剤を撒く。以前から、そうすれば病気を妨ぎ、畑の収穫率が上がるとされていた。

牧草地で自然に生まれた芝生から、ジョヴァン

畝間をとると効率よく栽培できる。

ニ・ボッカッチョの「たくさんの花に囲まれた芝生」さながら多種の草を敷き詰めた庭まで、また、ローマンカモミールが咲き誇る中世の回廊から、ヴィクトリア朝やエドワード朝に流行した短く刈り込んだ芝だけの庭園、さらに、現代アメリカの都会で各家庭の前庭にある手入れが行き届いた芝地まで、芝生の歴史は多様性から統一性へと発展してきたようだ。18世紀、スウェーデンの博物学者カール・リンネは植物の命名体系である二名法を打ち出し、この学名はいまでも活用されているが、彼は歓迎する植物とあくまで雑草とみなす植物をざっくり二分した「雑草には不仲な敵の名を、美しい植物には親しい知人の名を充てた」。

ダーウィンの自然選択説によると、植物は親株から優れた性質を受け継ぎ、少しずつ進化し続けてきた。これはダーウィンが雑草数種類を子細に観察して得た結論だ。つまり、「あまり丈夫でない雑草はすべて消滅し、たまたま丈夫に育った雑草が生き残っていく」のである。[10] ダーウィンはケント州の田舎町の家ダウンハウスに引っ越し、持論を確かめるため庭で実験をおこなった。果樹園の一区画を掘り起こし、柵で囲ってそのまま放置し、なにが育つのか、待ち、観察した。もちろん、生えてきたのは雑草だ。芽を出したら、それぞれをきちんと記録できるよう脇に針金を刺しておいた。すると、やがて無慈悲な自然選択がおこなわれ、粗野な雑草が繊細な雑草を排除していった。

3平方メートルの我が「雑草庭」に興味津々だ。芽が出てきたらすべてに印をつけた。びっくりしたのはその数だが、それより驚いたのはナメクジなどにやられた数だ——すでに59株が枯れた。かなり多いと予測はしていたが、これほどとは思わなかった。枯れた原因はもっぱら窒息だったようだ。[11]

雑草の苗のほとんどは生き延びることができなかった。

かなり小規模な実験だが、私の観察では、生き残りの戦いがどう進められているのか、少し見えてきたことがある。庭の牧草地に16種類の種を蒔き、うち15種類が発芽した。だがいまは次々枯れてきていて、たった1株でも花を咲かせてくれるのか、わからない。原因は窒息で、この狭い土地で育てた苗だけでなく、大規模な栽培地でも起こっている——3月、4月、5月と、日々、芽が出ては記録してきた。合計357個が発芽し、すでに277個はおもにナメクジにやられてしまった。[12]

ダーウィンの理論は、一部の雑草が環境の変化に素早く適応する仕組みを実証できなかった。この能力は、そもそも雑草が雑草だとされる理由のひとつのはずだ。[13] ここで出てくるのがグレゴール・メンデルの遺伝の法則である。この法則によると、植物は有性生殖によって親世代の特徴をランダムに取り入れる。つまり、それらが別々の単位（遺伝子）に運ばれ、代々、受け継がれていくのだ。[14]

雑草の概念を確立させた源は、18世紀末から19世紀にかけて西洋の農業でおこなわれていた囲い込みだろう。新石器時代の農民は植物の種類を選択して栽培し始めた。農業に革命が起こり、農地を制限して使用できるようになると、望む作物とその他の自生種が区別され、この自生種が雑草に

ウガンダの森。イタドリの白い花で雪に覆われているようだ。1936年。

なったのだ。

イギリスの詩人ジョン・クレア（1793〜1864年）は子供時代を過ごしたノーサンプトンシャーの村ヘルプストンを変えてしまった農業資本主義や囲い込みを激しく非難した。彼は現代の農業を、人間の悲劇であり、エデンの園からの追放そのものだととらえた。そして、詩『思い出 *Remembrances*』のなかで、「少年時代、楽しみに通った場所」は「枯れた雑草をいくども踏みつけた荒れ地」だと表現している。ひとたび耕して種を蒔いた土壌では、競合相手の植物が脅威となるため、根絶するか、少なくとも抑制しなければならない。イギリスで農業改革が始まった頃、農地の雑草取りとして働いていたクレアは、周囲の美観を称えるだけでなく手作業の苦悩も吐露している。ラドヤード・キプリングは『庭の栄光 *The Glory of the Garden*』（1911年）という詩で手作業の仕事に敬意を表している。「……我々より勤勉な労働者たち、屋外に出て仕事に就く。折れた食事用ナイフを手に、砂利道の雑草を抜く」

12世紀にイングランド王ヘンリー2世が定めた条例からイギリスの1959年の雑草法まで、また、カナダ（1908年）、アメリカの多くの州（1950年）、ニュージーランド（1978年）で出された有害雑草法や、多岐詳細にわたる南アフリカの法（1983年）から、オーストラリアの生態系を脅かし続けている侵略種を駆除するさまざまな試みまで、土地を開墾してきた社会では権力者が雑草を法で取り締まろうとしてきた。あの伝説のクヌートの努力を真似しているのだろう［11世紀にイングランドを支配したクヌート王は絶大な権力を持ち、海に向かって足が濡れるから潮を満ちさせてはならないと命令した。人間の傲慢さの象徴としてよく引き合いに出される。しかし、実際は王の力など無力で神こそが唯一の全能者だと教示したという説もある］。19世紀、テクノロジーが急速に発達し、自然界を管理しようとする取り組みが始まると、とりわけ食材の生産方法は神聖でロマンあふれる野生の自然を大事にする郷愁と衝突した。そして、雑草が再評価されるようになっていった。

農業の進歩がいざ勢いを増すと、広範囲の森林伐採がおこなわれ、産業革命によって生態系が激変した。作物の収穫高を上げるために囲い込みが進み、多くの人が工場での仕事を求めて都会に移動した。1790年代まではアメリカの人口の90パーセント以上が農業に従事していた。しかし、1830年代にジョン・ディアが考案したスチール製の鋤と、サイラス・マコーミックが開発したスチール製刈り取り機が登場すると、草地がどんどん耕作地に変わり、作物の収穫高は増えつつも人手は以前より少なくて済むようになった。雑草を刈るには、ある意味、鋤が最適でもっとも手っ

日本のイタドリ。2014年、ロンドン西部の庭にはびこった。

取り早いが、掘り起こしてまだ植物が生えていない土壌には生長の速い雑草があっというまにはびこってしまう。おまけに、頑丈な雑草は根がほんのかけらでも残っていれば生長して繁茂する。多くの植物が絶滅に追いやられるなか、強気でたくましい雑草が恩恵を受けるのだ。

こうした生態系の急変は、一部の人にとって、純粋な自然秩序に対する人間の傲慢の証に見えるだろう。過去への郷愁からくる反応かもしれない。クレアが若き日の田舎を取り戻したいと望んだように、イギリスのジャーナリスト、ウィリアム・コベットも彼自身が30年以上前に過ごした青年時代の田舎町、まさにクレアが称えたイギリスの変わりようを嘆いていた。

侵略種になったセイヨウシャクナゲ（学名 *Rhododendron ponticum*）は園芸業者コンラッド・ロディゲスが18世紀後半、地中海地方からイギリスに持ち込み、はやりの観賞用植物になった。1800年代後半にイギリスの在来種を襲った厳しい冬を何度か越えていたため、競争相手もいないまま繁殖地を手に入れた。艶のある葉をつけ、鮮やかな深紅の花を咲かせるこの低木は、挙句の果てに歓迎されなくなった。厚かましい外来種の雑草になったのだ。同様に、日本のイタドリも日本の痩せた火山性土壌では魅力的な観賞用植物だが、ヨーロッパのローム層ではあっというまに繁茂する。2012年のロンドン・オリンピック開催時には、駆除するために多額の費用を投入しなくてはならなかった。のさばって土壌を荒らす根は深さ7メートルにもおよび、どの部分でもわずか数センチ残っていれば再生する。雑草根絶を委託された業者は、その技術の一部をこう説明した。「土を掘り起こし、掘り返し、雑草をその場に埋め、ふるいにかけ、弊社の画期的な薬剤茎注入システムを導入している」[15]。イタドリは19世紀半ば、日本と中国東部からヨーロッパに持ち込まれた。また、バイカルハナウドはロシアの大草原地帯から西ヨーロッパにやってきた。

雑草は環境次第で深刻な脅威になりうる。オーストラリアは外来種の多くが蔓延して苦悩している。たとえばイボタノキやゲッケイジュはヨーロッパではまず問題にならないが、オーストラリアでは環境破壊を引き起こすのだ。ゴロツキアザミは初期の入植者が持ち込み、現在ははびこっていて手に負えない。ケニアに咲く寄生性のホソバウンランは観光客が通る道に繁茂しているが、同地の作物にとっては深刻な問題だ。最近は除草剤のせいで在来種が危機に瀕している。ベトナム戦争で散布した枯葉剤はジャングルの葉を枯死させたが、いまや、それまでジャングルの天蓋に阻まれて育たなかった自生種チガヤがはびこっている。

栽培作物が突然変異を起こすと、その野生の子孫は雑草に分類される。栽培作物と近縁関係にあるため、管理するのが難しくなる。というのも、作物に影響がないよう工夫された除草剤への耐性が組み込まれているからだ。こうした野生種は「前シーズンの収穫前にダメになった種子」から生じたものだ[16]。しかし、植物が生き残るために姿を変え、競い合うといういわばダーウィン流プロセスをヒントに、専門家は管理法を見つけられるはずだ。こうした気まぐれな子孫は農地に忍び込むだけでなく、野生種の生態系にも押し入る可能性があり、さらに、異種交配を繰り返してふたたび作物の収穫高に悪影響をおよぼしかねない。いうなれば、外からやってきた暴走族が現地人のふりをして身を潜め、時機をうかがってふたたび暴れ出すようなものだ。

いっぽう、雑草の繁殖力にかなり好意的な印象を受ける例がある。雑草は第2次世界大戦のロンドン大空襲にも負けず、生き延びたのだ。1666年のロンドン大火のあとも多くの雑草がこの古い都市の焼け野原に生い茂った。ロンドンの爆撃地を掘り起こした土地で、雑草は並外れた生命力を発揮して花を付け、新たな生態系を築き上げた。このときの雑草は、シチリア原産のオックスフォード・ラグワート、ペルーのコゴメギク、ヤナギラン（バクゲキソウやホウダングサという名がついた）、その他、キンポウゲ、ハコベ、イラクサ、ギシギシ、ノボロギク、オオバコなどだ。第2次世界大戦が終わるまでキューガーデン館長を務めたエドワード・ソールズベリーは、ロンドンの傷跡に根を下ろした全126種を記録している。[17] 暗くじめじめした地下室や狭い路地に、突如、光が降り注いだのだ。荒れ果てた土地にも、風に運ばれてきた種子や、長年土中で眠っていてようやく目を覚ました種子が芽を出し、花を付けた。

ヤナギランはイギリスの掘り起こした土壌に根づいた初期の外来種で、ときに先駆種と呼ばれ、ビル群、森林の天蓋、別の植物が近くにあると優位を失う傾向にある。18世紀のイギリスでは森林地帯の珍しい植物だと考えられていた。イングランドのワイト島には、火事に見舞われた焼け野原に生い茂っていたという1909年の記録が残っている。現在、ヤナギランは休耕地で繁茂しているが、一年生の作物が植えられた直後はそれほど問題にならない。ただし、多年生植物のなかで定着すると根絶するのがかなり難しくなる。競争相手がいないか少ない場所では、コロニー［同種が共生する集団］が長年にわたって存続する。たとえば、オランダの砂丘では35年生き延びた。珍しいことに、ヤナギランは葉と花でまったく違う匂いを放つ。アーモンドの香りがする花はイギリスのエリザベス1世が気に入り、寝室の香水として使用していたといわれている。植物学者ジョン・

ヤコブボロギクは各地に広まっている。有害な雑草でもあり、昆虫の重要なエサでもある。荒れ地や道端で繁茂する。

ジェラード（1545～1613年頃）は『本草書 *Herbal*』（1597年）で次のように解説した。

ヤナギランの葉と花は他のどんな植物を飾り立てるより優雅だ。夏には、家に生けたり、部屋、広間、宴会場を飾りつけたりするのにもってこいだ。香りをかぐと心が明るく華やぎ、五感を楽しませてくれる。

プリニウスもヤナギランの美しさを称えており、ジェラードによると、

……高さ180センチほどに伸び、美しく華麗な花を付ける。花びらは4枚で、紫色を呈し、真珠のような光沢を持つ。種子袋は細長く……綿毛で覆われた種子が詰まっており、袋がはじけたとき風に乗って遠くまで飛んでいく。[18]

1800年代前半にヨーロッパからアメリカにもたらされた一連の雑草は、あちこちで繁茂し、ハドソン川からアラスカまでの水路を脅かした。自生種のヤナギランはアメリカ先住民にとっての食料源で、若い芽を生で食べ、生長した茎は皮をむき、焼いて食べた。イヌイットの言葉の「パフメユクトゥク（pahmeyuktuk）」はアザラシ油に浸した食用のヤナギランの芽を指す言葉で、ビタミンAとCが摂れる。エキスはアメリカ北西部で菓子やシロップ作りに利用されている。また、ヤナギランはミツバチにとって大切な花蜜源で、ヤエムグラ（オヒシバ）とともにベニスズメガの好

ヤナギランを描いた版画。ウィリアム・カーティスの『ロンドンの植物 *Flora Londinensis*』（1777～98年）より。同書はロンドンの野生の花を紹介するガイドブックだ。

物でもある。ロシアではお茶の代用品となり、オーストリアではこのお茶を泌尿器系疾患の症状を緩和するために飲む。

このように、雑草には数え切れぬほどの種類があり、役に立ったり邪魔になったりしている。ヤナギランも他の植物に道を譲る習性があるため控えめな植物に思えるが、荒々しい一面もあり、一気に2メートルまで、ときにはそれ以上に伸びることもある。19世紀に普及した北半球の鉄道沿いに繁茂し、ふわふわした毛に覆われた種子は風で飛び、新たな芽を出せる安全な場所を探す。たとえ見つからなくても土中深くに埋もれて待機し、何年ものち、火事が起こったり、鋤で土が掘り起こされたりして環境が変わったとき、待ってましたといわんばかりに新芽を出す。庭で雑草として生えた場合、引き抜こうとするとすぐに根がちぎれる。小片が残っていれば再生し、敷石の下で新枝を伸ばし、壁の割れ目から顔をのぞかせる。しかし、毎年、ちょっとだけ手間をかけて苗を根元から抜いていれば抑制できる。美しい名前を持つ美しい植物だが［英名はローズベイ（バラ湾）。花がバラに、葉の形が入り江に似ている］、どの雑草、どの植物とも同じように、とどのつまり、目的は生き延びることなのだ。

人間の故意による破壊活動を機に、前代未聞の健やかな雑草が育っているのは自然の皮肉だ。そのいい例が、広島であっというまに群生した雑草である。ジョン・ハーシー著『ヒロシマ』（1946年）［石川欣一ほか訳／法政大学出版局／1949年］では、佐々木とし子さんが病院にいく途中、原爆が落とされてから初めて街の様子を目にする。7万人以上が殺害され、同等数の負傷者も出たが、地中深く眠っていた種子がひどい傷跡の残る地表に芽を出していたのだ。

とりわけぞっとしたのは、街の瓦礫《がれき》の間からのび、溝に生え、川岸に茂り、瓦やトタン屋根にからみ、黒焦げの幹に這《は》いのぼり、すべてを埋めつくしたのが、新鮮で生き生きとした、みずみずしい天衣無縫《てんいむほう》の緑だったことだ。青々としたバラが、つぶれ去った家々の土台にさえ生えていた。雑草はすでに灰燼《かいじん》を隠し、死都の骸骨《がいこつ》の間に野の花が咲き乱れている。爆弾は植物の地下の組織には手を触れなかったばかりか、そこに刺激をあたえたのだ。[19]

ニューヨーク、ロングアイランド沖の水中で育つアマモの歴史は、植物がいかに厄介な雑草になるかの実例だ。しかし、いざアマモが姿を消すと、それまで果たしていた役目が明らかになった。砂や泥に埋もれたアマモの根や葉は、かつてシーフードを輸送する際のパッキング材に使われていた。乾燥させた葉はマットレスや椅子の詰め物にした。しかし、海岸では見た目も悪く、海水浴を楽しむ人の邪魔になったり、ときにはモーターボートのプロペラにからみついたりしていた。そんななか、1931年、突然、アマモは死滅した。南北カロライナ州からラブラドル半島、スウェーデン、オランダ、イギリスやフランスの水辺で、水媒介の真菌が広まったのだ。野生の渡り鳥——とくにアマモの葉のみを食べるコクガン——は餓死するしかなかった。かつてアマモは稚魚、ロブスター、ハマグリ、ムール貝に栄養のある生息地を提供していた。[20]生涯を終えて腐っても、栄養価のあるぬかるみとなり、微生物のエサになっていたのだ。アマモの塊根がなければ、砂は砂丘を固定するという重要な働きを失い、漁業資源も減少してしまう。1940～50年代、アマモが次第に戻ってきたときには、生物多様性のなかで果たしている役割が以前より理解されるようになっていた。アマモはもはや厄介な雑草ではなくなった。

マラム（ギリシア語でアンモフィラ〔Ammophila〕。「砂を愛する者」の意）は頑強で背丈は1メートルになり、北大西洋沿岸の砂地で生長する。光沢のある、きつく巻いたとげとげしい葉は乾燥から身を守り、土中深く張る根は砂を適所に固定する。17世紀のイギリスでは沿岸地域の屋根葺《ふ》きに使用された。次第にオーストラレイシア〔オーストラリア、ニュージーランドおよびその近海諸島〕の入植地、フォークランド諸島、また、日本、アルゼンチン、チリにも導入され、19世紀にはアメリカの太平洋沿岸にも広まった。砂地の侵食を防ぐ役目は十分に果たしているが、こうした国々でもいまだ侵略種だと考えられている。

これが雑草の歴史だ。豊富に生える土着植物としては役立つ性質が重宝されている面もあるが、各地に広まった結果、いまではよそ者の侵略種として虐《しいた》げられている。

第3章　イメージと比喩

オーロラ姫は魔法によって100年の眠りについた。姫の眠る城は野生の森のなかにあり、からみついたイバラに覆われ、下生えの草はこれから繁茂する可能性を秘めている。ステラ・ギボンズ著『コールド・コンフォート・ファーム *Cold Comfort Farm*』では春の植物が主人公のおばエイダ・スタールカッダーにとって新たな始まりを告げ、雑草は官能と変化を表している。「スケビンド［架空の植物名］が生け垣にからまり、花の香りが夏の訪れを約束し、深く暗い欲望が彼女のなかに湧き起こる」[1]

オーロラ姫は目を覚ましてもらうのを待っている。王子が近づいていくと、それまで通れなかった雑草の壁が彼を導くために道を空ける。アーサー・ラッカムが1920年に描いたシルエット画では、姫に呪いをかけた13番目の意地悪な妖精が雑草だらけの荒廃した塔にひとりで暮らし、粗い石の壁にはイラクサやベラドンナが茂っている。並んだ大樹が王子に道を譲ると、見えてきたのはトゲに突き抜かれたかつての求婚者たちだ。片隅にはいくぶん控えめなシャク、ヒナギク、キバナノクリンザクラが生えている。王子が姫のもとにたどりつき、キスをすると、姫は目を覚まし、その瞬間、ふたりに永遠の愛が芽生える。これは手つかずの自然を背景とした物語であり、野生の雑草は人間の望みに応えている。オーロラ姫は野生の森の下生えの草に守られ、また、囚われていた。

鋭くて残忍に見えるトゲも、王子が触れるとアザミの冠毛のように柔らかくなり、地を這うイバラの枝は王子にからみつきもせず、逆に、彼が触れると弱々しい草のように脇に倒れた。行く手を阻んでいた垣根も彼が近づくなり道を空けた。[2]

人間と自然界、そして植物、とくに雑草との関係を考えてみよう。雑草はときに悪者になり、ときに優雅で美しく、まるで私たちのあいまいな態度を表しているようだ。人間は自然の一部だが、自分たちを別枠でとらえ、少なくとも一段上の存在だと考えたがる。文学やヴィジュアルアートの世界では、作品で雑草を再現し、脚色して、従来のもつれた謎を解きほぐそうとし始めたところなのかもしれない。

聖書で良い種子が登場する寓話で示唆しているように、人間も道端で転んだり、石だらけの地面でつまずいたり、努力がイバラに邪魔されたりする（マタイによる福音書13章1〜23節）。ムギとドクムギの寓話では、真夜中に敵がやってきてムギ畑にドクムギの種子を蒔く。イエスは「ドクムギを集めるとき、ムギまで一緒に抜くかもしれない」から、刈り入れの時期までドクムギを放っておくようすすめる（同24〜30節）。ここで問題が残る。一部の人間は本質からして不要な雑草の種

3人の農夫がぐっすり眠っている背後で、悪魔がコムギ畑に雑草の種を蒔いている。クリスピン・デ・パッセ（父）による版画。1604年。

子なのか？　また、ドクムギはムギに、ムギはドクムギに、なりうるのか？

個人を作物や雑草に置き換えたこの比喩は、多くの解釈者が想像を膨らませた。良い種子のなかにまじって生えた雑草という概念は、人間の善悪にたとえられる。フランス語の「jeter ses premiers faux」は若気の至りを指す表現で、文字通りに訳すと「若気の過ちを（種子のように）地面に撒き散らす」となる。英語でも「カラスムギを蒔く」といういいまわしは「若いときに道楽する」という意味だ。デンマーク語では「Lokkens havre（ロキのカラスムギ）」と

イバラは王子のために道を空け、オーロラ姫を助けにいかせる。『眠れる森の美女』の挿絵。アーサー・ラッカム。1920年。

いう。ロキは北欧神話のいたずら好きな神で、まるでロキが有害なドクムギの種を蒔いているような表現だ。また、聖アウグスティヌスははっきりと妥協のない見解を記している。

毒麦は悪い者の子らである。毒麦を蒔いた敵は悪魔、刈り入れは世の終わりのことで、刈り入れる者は天使たちである。だから、毒麦が集められて火で焼かれるように、世の終わりにもそうなるのだ。[3]（マタイによる福音書13章38～40節）

いっぽう、マルティン・ルターは雑草についてさらに深く考えたようだ。「たしかにドクムギはムギの邪魔をするが、見た目に美しいものもある」[4]。また、ルターはどの植物が真の雑草なのかという判断は誤りやすいと警告し、異教徒として誰を処刑すべきか、あるいは、処刑してはいけないのか、軽々しく裁くようなものだと暗示した。ジョン・ミルトンも同様に、「我々にドクムギとムギを分けることは不可能だ……これはすべての任務を終えた天使の仕事にちがいない」としている。[5]しかし、こうした寛容な態度をとる者でさえ、やはり雑草を厄介な存在として扱っている。当時、ルターは女性の権利を擁護していたが、そのくせ女性を雑草になぞらえた。「女児は男児より早く話すようになり、自分の脚で立つのも早い。通常、雑草は大事な作物より生長が速いからだ」[6]。つまり、雑草は粗悪な植物で、女性は劣っているということになる。

中国の、また、比較的少ないが日本の芸術家は、早くも９５０～１２５０年に雑草を含めたさまざまな植物が示す性質に興味を抱いていたようだ。こうした繊細な写実画は次第にモノクロにな

聖アンナが娘の聖母マリアに読みかたを教えているところ。額縁には野生の雑草があしらってある。1430 ～ 40年。

り、広大な景色だけでなく、陶器、扇子、漆器などに緻密な絵が描かれるようになった。元王朝以降、たとえば1321年の絹製の巻物には、昆虫と植物がインクと絵の具で描かれている。キクの花に舞い降りるトンボ、その周囲に繊細に描かれたタケやヤナギの葉、タンポポの花やつぼみ。すぐ目につくのは、なによりもディテールにこだわった、ヨーロッパの芝生でおなじみのオオバコだ。楕円形のロゼット葉が放射状に伸び、つぼみのように尖った小さな花がびっしりと付いている。明王朝（1368〜1644年）に制作された絹製の画集にはヒナギクに似たキク科の植物が載っており、戦っている2羽の鳥の背景に描かれている雑草はまさに実物そっくりだ。

中国の木版刷りはすでに8世紀には日本に伝わっていたが、日本で植物を繊細に表現した作品は数少なく、19世紀までほとんどなかった。そんななか、16世紀に雪舟の弟子が水墨で描いた2点の掛け軸がある。この絵には植物も含まれ、当時らしく控えめだが描写は精緻だ。池の上を野生のガンが舞い、前景にハスの子房が浮かんでいて、平らな円の表面には小さな丸い穴が開き、種子が見えている。後方にももうひとつハスがあり、もちろんまっすぐに立って描かれているが、クローズアップされた種子はちょうどこぼれ落ちる直前で、先端がこちら側に倒れているため詳細を見ることができる。

西洋ではルネサンス期に入るまで、芸術でよく描かれる植物や花はほとんどが鑑賞者の求めるデザインで、形にはパターンがあり、種属は確認できなかった。中世の時禱書に描かれている植物も、装飾されていて正確な種属や形状などは重視されていない。「タペストリーに織られたユニコーンの蹄のあいだや『閉ざされた園』の処女マリアの足元には……多種多様な花が散りばめられている」[7]。

アルブレヒト・デューラーの水彩画「芝草」（1503年）は西洋美術で初めて雑草を写実的に描いた作品といわれ、タンポポ、オオバコ、ヒナギク、オオイヌノフグリ、ノコギリソウ、オオルリソウを子細に観察してスケッチしている。イギリスのウィンザー城にある王室図書館にはレオナルド・ダ・ヴィンチの作品群が保管されている。後ろ脚で立つウマや、岩、ウシの子宮まで、どれもこれも細部まで精密だ——こうした正確なスケッチにはさまざまな植物も含まれ、かたわらに習性も書き込まれている。これらの多くは絵画や彫刻を制作するさいの土台となったが、その緻密な筆致は資料として必要なレベルを超えている。たとえば、ダ・ヴィンチはエンコウソウやヤブイチゲを描いたが、どれも部位ごとの詳細がわかるようにアングルを変え、花と葉の正確な形をペン、インク、チョークで写し出した。「レダと白鳥」（1505～10年）の複数の習作には、ヤブイチゲとトウダイグサ、そしてイバラも描かれている。1625年、この絵画が破棄される前（破棄されたのはほぼまちがいない）、イタリアの学者で芸術家のパトロンでもあったカッシアーノ・ダル・ポッツォは「とてつもない集中力を投じて描いた……植物の姿だ」と評した。世界をあるがまま正確に描こうとした試みは、おそらく西洋の人間中心主義の特徴であり、個人の威厳、さらには、雑草のように異質で異様な底辺層の威厳にも注目している。

それから100年近くあとにカラヴァッジオが描いた静物画「果物籠」は、芸術にさらなるリアリズムを求めた証だ。果物を理想化せずに描いたため、小さなリンゴには虫食いの穴があき、葉は病気にやられて腐りかけ——なにもかもが自然のままさらされている。

18世紀になるとトーマス・ゲインズバラなどのアーティストにとって、作品のなかに雑草や野草

3つの花を咲かせたエンコウソウの細部。右はヤブイチゲ。レオナルド・ダ・ヴィンチ。1505 ～ 10年頃。

トーマス・ゲインズバラによるスケッチの前景。土手にアザミなどの雑草が生えている。1742 ～ 88年。

をそのまま正確に描くことがあたりまえになっていた。18世紀末にはウィリアム・キルバーンがタンポポを正確に描いた版画を制作している。キルバーンはウィリアム・カーティス著『ロンドンの植物 *Flora Londinensis*』第1巻の挿絵のほとんどを手がけ、「ロンドン周辺に自生する植物およびそれらの詳細」を描いた。これにはリンネが考案した二名法も掲載されたが、二名法はローマ教皇クレメンス12世の意にはそぐわなかったようだ。植物の性的性質を重んじすぎると感じたのだ「リンネは植物を生殖器官（雄しべ・雌しべ）をもとに分類して学名を付けたため非難も浴びた」。この頃、日本で使用されていた袱紗《ふくさ》は金封を包む布袋で、昔から長寿や健康の象徴だったイラクサ、ナズナ、ミツバ、ハハコグサ、ハコベが絹糸や金糸で丁寧に刺繍されている。これらも細部まで本物そっくりだ。

ラファエル前派は雑草を未来ある自然の象徴として関心を抱いた。ウィリアム・ホルマン・ハントの「世の光」（1851～3年）ではイエスが雑草やイバラの生い茂ったドアをノックしている。雑草はだいぶ枯れていて、イエスと、誰にしろなかにいる人物とのあいだにある壁を示唆しており、人間のお粗末な愛情を象徴しているといわれている。[8] 雑草はもろいので、誰でもその気になれば簡単にどかしてドアを開けられるはずだ。ハントはさらに雑草の意義をこう説明する。「閉まっているドアは頑《かたく》なに閉ざした心。雑草は日々の怠慢や積み重なった怠け癖という障壁の象徴だ」[9]

ハントの「我がイギリスの海岸」には、崖に迷い込み、いまにも転落しそうなヒツジの群れが描かれている。この絵に影響を与えたのはジョン・ラスキンで、ラスキンは『ヒツジ小屋の建設に関する覚書 *Notes on the Construction of Sheepfolds*』（1851年）でキリスト教徒を迷えるヒツジにたとえ、

絹製の祝儀袋、袱紗。ホトケノザ、ナズナ、ミツバ、ハハコグサ、ハコベが刺繍してある。昔ながらの長寿と健康の象徴だ。1750 ~ 1850年。

「いつも自分を見失い……イバラの茂みから永遠に抜け出せない」と述べた。[10] いっぽう、リチャード・メイビーは雑草がどんな宗教的意義を持っていようと、前景のイバラに囲まれたヒツジたちに危険がおよぶ可能性は少なく、むしろ雑草はヒツジを守っているのだと主張した。

カメラの発達によって、写実的スケッチは以前よりはるかに身近になった。カール・ブロスフェルト（1864～1932年）は、当初、ベルリン芸術大学で絵画を教えていた生徒の教材にするために写真を撮っていた。建築デザイナーのアウグスト・エンデルはブロスフェルトの作品を「草の曲線が秀逸で、アザミの葉を驚くほど冷静にとらえており、新芽は青く若々しい」と評した。こうした植物の本来の姿を写したクローズアップ写真がきっかけで、抽象芸術［対象物を具体的に描かず、形状、色、線といった造形要素で構成される作品］が生まれたといわれている。ブロスフェルトは細部にこだわった。しかし、彼の撮る植物は植物園や花屋で見るものとはいささか異なり、道端や鉄道脇の土手から採集してきたものだった。ドイツでは、20世紀前半、人間と自然との関係や裸体主義への関心が急激に高まり、海水浴や屋外の運動、裸体観賞に注目が集まった。ブロスフェルトの抽象芸術は、植物を裸にし、対称性や非対称性をさらして誇張した。その被写体は「雑草として不当にさげすまれているが、彼がもっとも形状に魅せられた植物」だったのだ。[11]

ブロスフェルトはまさにしおれて死にかけている雑草に興味を持った。自然界をロマンチックに描くためにぼやかすことはせず、もろく、腐りかけ、病気にかかり、枯れていく現実をそのまま表現した。モノクロにこだわり、無情なヴィジョンから注意をそらすカラーはけっして使わなかった。ウィリアム・ブラッドベリーの作品と比較してみよう。ブラッドベリーは1854年の「イラクサ」

カール・ブロスフェルト撮影。
花の構造をとらえた写真2点。
花びらが落ちたヤグルマギク
（上）とトウワタの頭花（下）。

カール・ブロスフェルトの写真に刺激を受けた7～8歳の子供たちによる石膏作品。ダユータ・ソロウィアイが主催した学校の企画にて。2013年。

のように、実物の標本を使ってプリントを作成した。本物の生命力を追加してますます本物らしく見える、と思うかもしれない――しかし、不思議にも効果は弱く、個々の植物の深淵を表現することはできなかった。

同時代の作家ジャネット・マルカムは、写真こそ自分にとってゴボウの詳細に迫る手段だと悟った。ゴボウは湿気の多い荒れ地や生け垣に繁茂する堂々とした雑草で、地表に生える丸まったハート型の葉は、うぶ毛が生えた灰色の裏面がきわめて独特だ。マルカムは紫色の丸い花を摘んだ。花を支える総苞《そうほう》〔花の基部にある変形した葉の集まり〕は細長いトゲに覆われ、先端がカギ状になっていて、たいていは白い綿毛が生えている。学名の「*Arctium lappa*」はギリシア語が語源だ。前半の「Arctium」は「arktos（クマ）」が由来で、ギザギザのある粗いトゲが通りすぎる動物にすぐひっつくことを意味する。後半の「lappa」は「つかまえる」という動詞で、名の通り、このトゲは、毛、羽毛、人間のスカートやズボンにすぐ付着する。ゴボウの英名「burdock」は種子の伝播法を示している。「burr」はフランス語「bourre（毛の塊）」の略で、もともとはラテン語の「burra（羊毛の房）」だ。ゴボウの種子はすぐヒツジにくっつく。この種子がイヌの腹にまとわりつく様子に、スイスのエンジニア、ジョルジュ・デ・メストラルが注目し、おかげで1941年に面ファスナーのベルクロが誕生した。おそらく、とても美しいとはいえないファスナーの形状に関する、なにより趣のある事実だろう。

ひっかかるイガはロマンチックな愛の概念にも役立っている。イガは取り除くのが困難で、払いのけることすらままならないが、シェイクスピアの『お気に召すまま』〔福田恆存訳／新潮社／

1981年」の第1幕第3場ではどうやら愛のほうが厄介らしい。

ロザリンド　ああ、どうしてこの世はこれ程にも茨《いばら》に満ちているのでしょう、来る日も来る日も！

シーリア　茨でなくて唯《ただ》の毬《いが》だわ、お祭の馬鹿《ばか》騒ぎにあなたに向って投げつけられた毬に過ぎない。よほど気を附けて人の踏み馴《な》らした径《みち》を歩くようにしないと、それが裾《すそ》にまで引掛かって来てよ。

ロザリンド　着る物に附いた毬なら振い落せる――でも、私のは心臓に突刺さっているのだもの。

ゴボウはオランダの17世紀の画家ヤン・ワイナンツとヤーコプ・ファン・ロイスダールが、また、18世紀にはトーマス・ゲインズバラとジョージ・スタッブスが前景に取り入れている。[12] 前景は景色以外になにを与えてくれるのだろう？　ラスキンによると、描かれた葉には与えられた役割や運命づけられた用途があり、「ゴボウのおもな役目は、まちがいなく葉を茂らせて前景を飾り立てることだ」としている。[13] ありふれた植物は私たちの周囲にも生えているし、18世紀のお洒落に着飾った一族の近くや、優雅にポーズをとっている美しいサラブレッドのそばにも描かれている。

対照的なのは、実験的な映画制作者ローズ・ローダー（1941年〜）のシリーズ作「ブーケ」だろう。フランスの田舎に生える植物をコマ撮りにして話題を呼んだ映画だ。レイアウトは逆になり、前景に、ヤギ、ウシ、飼いネコなどがいて、雑草は中央で存在を主張している。

J・M・W・ターナーは、野草用スケッチブックに、シャクやギシギシなど、夏の野原や生け垣で育つ植物を描いた。[14] ラスキンいわく、ターナーの「干潮時のカレーサンズ」には「古い桟橋の、雑草で黒ずんだ木材のライン」が絶対に欠かせない。[15] リチャード・メイビーによると、ターナーは「ゴボウの葉のスケッチ」を描いたとき、非対称の彫刻のような形状に惹かれたらしい。ジャネット・マルカムはゴボウの写真を載せた短いエッセイのなかで、3年以上、夏はゴボウの葉を熱心に観察したと書いている。

私はゴボウの葉を小さなガラス瓶に入れ、短い支柱で支え、こっちを向いているかのようにして正面から撮影した。もちろん、どんな植物の葉もどんな木の葉もふたつとしてそっくりなものはないけれど、ゴボウの葉はとくに異彩を放ち、形状はほぼ無限。それに、驚くほど大きいので――ときに60センチ以上になる――最高の被写体になる。[16]

マルカムは自分の撮った写真と啓発的な名士リチャード・アヴェドンの肖像画を重ね合わせた。アヴェドンが「人生の軌跡が染みついた顔を望んだように、私も若くて傷のない標本より古くてひび割れた葉――歴史ある葉――のほうが好き」だからだ。

写真家ハリー・キャラハンはブロスフェルトとは対照的に屋外の自然のなかで活動し、ときにはカラーも用いた。しかし、クローズアップ、または、風変わりなアングルで撮ったため、抽象的な

パトリック・ドアティの「親密な関係」。2006年。廃棄物となったヤナギで「建物」を編んだ。ここではヤナギが邪魔者に見える。

模様に見えるかもしれない。「空を背景にした雑草：デトロイト」（1948年）はいろいろなものになりうる抽象芸術作品だ。彼の写真を眺めていると、あらゆるディテールに気づかされる。私たちの目はカメラのようにシャッターを切る。まぶしいほどの光が屈曲し、色のついた奇妙な閃光が走り、フォーカスしていくとどんな対象物も屈折して歪み始める。その被写体がこの世で他の物とつながっているという感覚が麻痺することもある。ある言葉を何度も繰り返して口にするときのように、意味を失うかもしれない。キャラハンは妻の体に植物と空をイメージした光をあて、シルエットを撮った。すると、あるポイントが浮き彫りになる。この世で、あるカテゴリーと別のカテゴリーのあいだにあるあいまいな境界線だ。本書でいえば、植物と、いわゆる雑草の境界線である。

一般に雑草だと考えられている植物を芸術作品で使うときは、たいてい奇抜な発想を意識してい

パトリック・ドアティの「野性の魅力」。2002年。ヤナギで編んだ水差しが現代美術を凝らしたビルを背に浮かび上がっている。

る。アメリカのアーティスト、パトリック・ドアティは廃棄物となったヤナギで巨大な立体物を編んだが、このとき彼はヤナギがアメリカ北部の田舎で、一気にはびこり貪欲に水をほしがる厄介者として嫌われていることを認識していた。ヤナギは自然界の象徴だ。作品「親密な関係」は農地内に制作したヤナギの建物だが、ヤナギはこの農地では有害な雑草で、カラシや近くにある湖の澄んだ水に悪影響をおよぼしているのだ。

私は作品を制作するとき、嫌われている植物をあえて使う。ヤナギはアメリカの一部では崇められているが、一部では憎まれている。また、東海岸では複数種のカエデを多用する。通常、カエデの種子は土手沿いの水路や荒れ地に飛んで根を下ろす。

環境が変わればドアティはその新たな土地の雑草を取り入れる。ともすれば悪者になる植物を大事にする考えかたは彼独特の個性だろう。

ハワイで嫌われている植物はストロベリー・グアバだ。とてもしなやかな若木で、私がハワイで仕事をするなら高く評価するはずだ。カンザスにはハナミズキやシベリアニレがある。前者は灰緑色をしたきめの粗い葉を付ける低木で、草地を覆い尽くし、後者は川辺を支配する。どちらも、アメリカ中央部では、大学、美術館、庭園で印象深い彫刻の題材となっている。[17]

ドアティの「野性の魅力」（2002年）はヤナギを織り込んだ水差しで、高さは5・5メートルに達し、まるでプールに水を注いでいるかのようだ。近くには現代的なオフィスビルの壁面と窓があり、水面にヤナギとカエデの質感が映し出されている。じつは、この建物はワシントン州タコマにあるガラス博物館で、この堂々たる現代建築を背景に、丹念に創られた水差しがシンプルな有機体として際立っている。

アーティストのジャック・ニムキは、2009年、ノーサンプトンシャー州コービーの廃れた地域に放棄されていた店舗を手に入れた。かつて、コービーはイギリスの田舎町の中心地で、鉄鋼産業で栄えた町だった。彼は窓辺で野生の花を育て、「自然と暮らしたい」というテーマを掲げた。

ジャック・ニムキ作「詞華集」の細部。2009年。ラミネートにアクリル。

まるで、たまたま運よくそこに種子が飛んできて、経済的に腐敗した廃墟に美しい植物が育ったかのようだった。彼の描く絵は雑草と野生の花がからみあった複雑な織物に見える。荒れ果てた土地が緑豊かな草原に変身した。ニムキの概念はアグネス・ディーンズの「コムギ畑——対立」（1982年）と比較されてきた。[18]ディーンズは埋め立て地のマンハッタン島にあるバッテリー・パークに大きなコムギ畑を作った。彼女が黄金色のコムギのなかを歩いている写真がある。中世の田舎で働く農夫のように片手に農具を持ち、その背景にはウォール街の都会的な高層ビルやワールド・トレード・センターがそびえている。ディーンズもニムキも、きっと私たちにロマンチックな自然と向き合ってほしいと願っているのだろう。ニムキが表現する雑草は、人間と自然界の関係に対するメッセージだ。ここでもテーマパークと同じように植物は計画的に植えられ、近づくことは許されない。窓越しに眺めるだけだ。ニムキの作品の多くは、アーティストたちから、花を集めた「詞華集」だといわれている。17世紀の詞華集は本文より挿絵が重視され、概して珍しい新種を解説していた。のちに、植物の美しさだけでなく科学的に有用な特性の記述が重んじられるようになったが、ニムキはこの概念をひっくり返した。彼が表現する珍しい植物とは、不況に見舞われた大通りに生える雑草であり、むろん、雑草だってコンクリートの都会にあっても美しさを放っているのだ。

こうした雑草のイメージは、現代の大都市におけるもろい性質を表現しており、ジョン・ライトの魅力的な子供向けの作品『お花 *The Flower*』（2006年）を思い起こさせる。わびしく陰鬱な風景のなか、「ブリッグは大都市の小さな部屋で暮らしていた」。あるときブリッグは働いていた図書館で「読むべからず」という注意書きが貼ってある本をたまたま見つける。開いてみると、いままで見たことのないもののイラストがいくつも載っていた――花だ。後日、ブリッグはその花の絵が描いてある種子の袋を花屋のウィンドーで見つけ、本当に咲くのか疑問に思いつつも、買って帰り、植えてみた。すると、ニムキがコービーで見つけた空き店舗や、ディーンズが作品に取り入れたロウワー・マンハッタンにある不毛のビル地帯と同じように、もろくも色鮮やかな植物が都会に特別な魔法をかけたのだ。

マイケル・ランディは「破壊」（2001年）などで知られるインスタレーション［特定の場所にオブジェなどを置き、観客に空間全体を体験させる表現手法］・アーティストで、この作品では自分の所有物を大小問わずすべて集め、注意深くリストアップし、同じように注意深く可能なかぎり破壊し［所持品全7000点余りを2週間かけて粉砕した］、埋め立て地に埋めた。また、都会の雑草を等身大のエッチングにしたシリーズ「栄養」（2003年）も制作した。ブロスフェルトの作品同様、モノクロで脈絡がないように思えるが、観る者は草花を描いた自身の経験を思い出し、揺るぎない正確さと細部が重要なのだと痛感する。対照的に、ルシアン・フロイドが描いたロンドンの裏庭は、醜くて無視された荒れ地で[19]、彼の肖像画さながら心が揺さぶられる。ランディの絵は控えめで威圧感はない。おそらく、「破壊」以降、再起の手段になっているのだろう。ランディは自分の所有物と同じように、いつも見下されている雑草をきわめて注意深く見つめていた。この世の物質をこれみよがしに分解する芝居がかった行為を、植物が生来持っている脆弱さと対比させたのだ。彼の自宅に近いロンドン、イーストエンドの道端で見られる雑草――ヒメフウロ、ナズナ、ハイキンポウゲ、シロイヌナズナなど、都会で生き残った全12種――は、もしかしたら踏みつぶされていたか、自治体に除草剤を散布されていたかもしれない。ランディは慎重に引き抜いてから大切に育てたが、よく見ると病気にかかっているものや枯れているものもあった。デューラーやカラヴァッジオが彼より先に描写していたとおりだ。ランディは雑草を次のように表現した。「驚くほど前向きな植物で……適した生育環境とは程遠いのに都会の景色を占領している。順応性が高く、わずかな土地を見つけて生い茂るのだ[20]」

オウィディウスの『変身物語』［中村善也訳／岩波書店／1981年］にトリカブト（古代ギリシア語でアコニトン）が出てくる。トリカブトはよだれを垂らすケルベロス［ギリシア神話に出てくる冥府の番犬。三つの頭を持つ］のつばから作られる。

ジャック・ニムキのスケッチ。コンクリートの塗装を削って描いた作品。「詞華集」より。

犬は、しきりにあらがい、明るい日の光に目をそむけようとした。狂暴な怒りにかりたてられ、三つの頭で同時に吠えたてて、その声であたりを満たす。みどりの野に、白い泡が飛び散る。この泡が凝固し、豊饒肥沃な大地から養分をえて、強い毒性を獲得したと考えられている。荒岩に生《は》え出て、そこにはびこって行くところから、百姓たちは、これを「石の草《アコニトン》」と呼んでいる。[21]

トリカブトは強力で即効性のある毒を持ち、性器、とりわけ女性の外陰部に盛ると効果が高いらしい。オオカミすら殺す威力があるとされ、「オオカミの破滅」としても知られる。1931年の映画「魔人ドラキュラ」では、ミナをドラキュラから救うためにトリカブトが使われている。トリカブトは中世には「僧侶の帽子」とも呼ばれた。花の外見が僧侶が頭巾をか

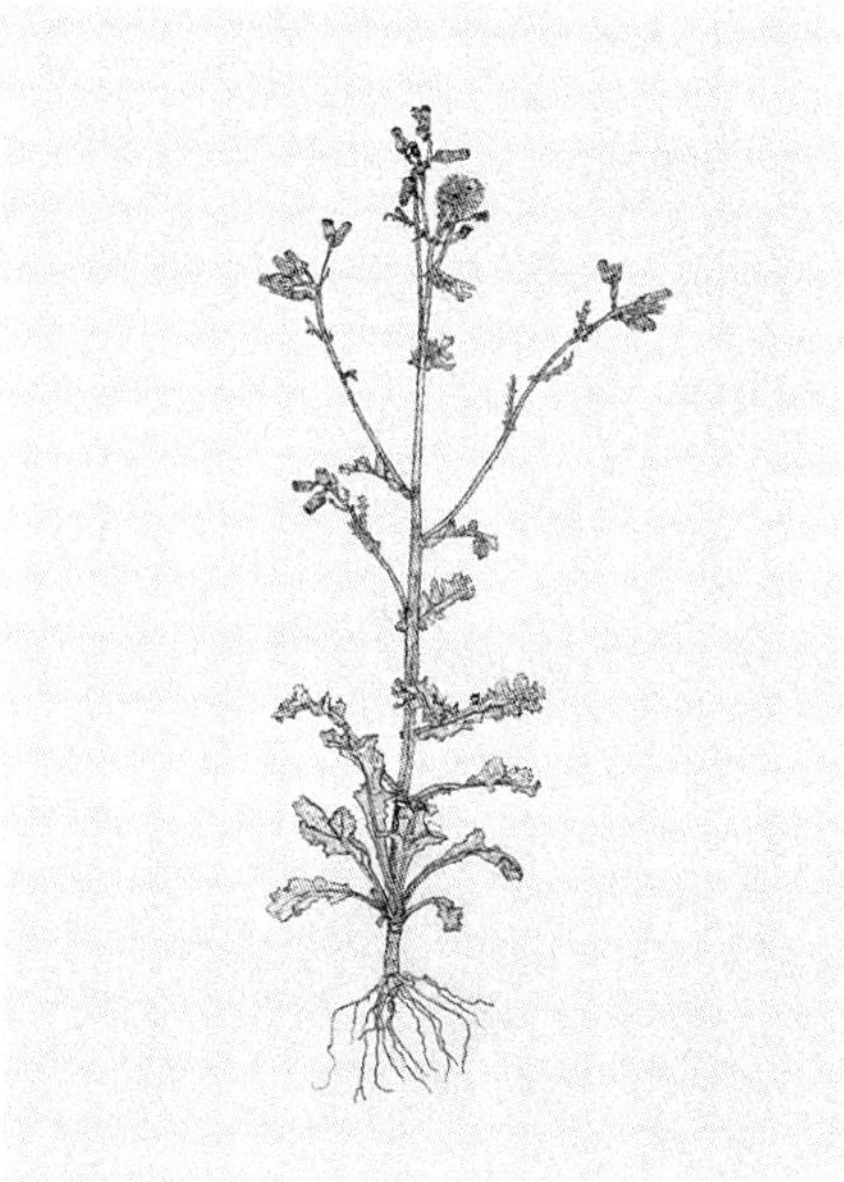

マイケル・ランディの「栄養」より。ノボロギク（上）とヒメフウロ（下）。2003年。

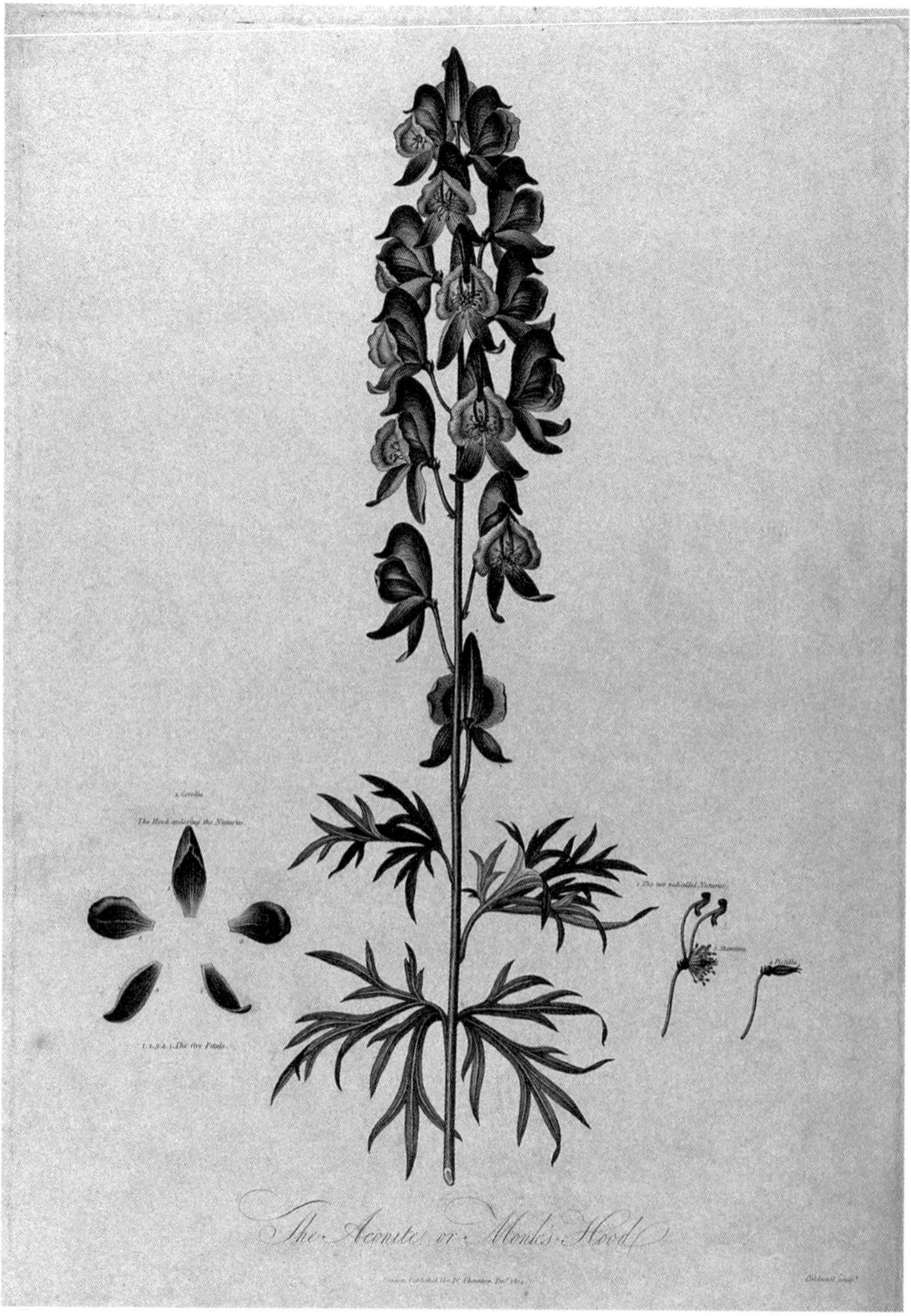

花を付けたトリカブトの茎。花の各部位もそれぞれ描き、名称が添えてある。ジェームズ・コールドウェルによる版画。1804年頃。原画はピーター・ヘンダーソン。

ぶっている姿に似ているからだ。ギリシア神話のメディアはトリカブトでテセウスに毒を盛ろうとし、ジェームズ・ジョイスの『ユリシーズ』では主人公の父親ルドルフ・ブルームが自殺を図るさいに使用している。喜劇としては、日本の狂言の演目「附子《ぶす》」で、乾燥させたトリカブトの根が仕掛けの材料となっている［主人が召使ふたりに猛毒「附子」の見張りを命じて外出する。ふたりはそれがじつは砂糖だと知ってなめ尽くしてしまい、わざと主人の大事な物を壊して附子を食べたが死ねなかったと弁明する］。小説『ハリー・ポッター』シリーズでは狼男がトリカブトを調合した脱狼薬［オオカミ人間が変身しても自我を保つことができる薬］を頼りとしている。もちろん、この薬も通称は「オオカミの破滅」だ。

詩人アリス・オズワルド（1966年～）は雑草を「精神の植物相」と呼び、花は「まぎれもなくもうひとりの自分」だとした。おかしくもホソバウンランは「重苦しくて頑固な冷たい人間」と重なるし、植物の性質にも人間特有のずるがしこさがあるようだ。『ハムレット』［福田恆存訳／新潮社／1967年］では、ハムレット王子が自身の生活環境を「庭は荒れ放題、はびこる雑草が実を結び、あたり一面、むかつくような悪臭」と表現し、幽霊はハムレットに、父親の仇をとれないのなら「そのまま無為に朽ちてゆく雑草同然、頼みにならぬ男と思うぞ」と警告する。さらに、王子は母ガートルードに「雑草に肥料をやって、繁《しげ》らすことはない」と脅し、妃候補のオフィーリアは亡き父を思い「とりどりの花の飾りにつつまれて」と歌う。『リア王』［野島秀勝訳／岩波書店／2000年］では雑草が波乱の前兆を示し、人間はもはや自然を支配できず、野生の植物の一部になっていると示唆する。狂気に陥ったリア王は自分の体を雑草と花で覆って三女コーディーリアから身

リチャード・レッドグレイヴ作「花冠を編むオフィーリア」。1842年。彼女は死の象徴、ケシのつぼみを手にしている。

を隠そうとし、コーディーリアは父親をなんとか救おうとする。

荒海のように猛り狂い、大声で歌をうたっておいでだったとか。
頭には伸び放題の華鬘草《けまんそう》、田の畔《あぜ》にしげる名もない草、
矢車草、毒人参、刺草《いらくさ》、種つけ花、毒麦、
そのほかわたくしたちを養う大切な穀物畑を荒らす
役立たずのさまざまな雑草を冠《かんむり》になさっているとのこと。
（第4幕第4場）

『夏の夜の夢』［福田恆存訳／新潮社／1971年］では浮気草（パンジーあるいはスミレ）が重要な小道具の薬になっている。妖精の女王タイターニアがボトムを愛するよう仕掛け、また、若いカップルたちにいたずらの種を蒔く。古典神話では、希望とエロティックな愛の神キューピッドが誤ってこの花を矢で射抜いてしまい、魔法の力が備わったとされている。フランス語ではパンセ（pensées、「雑念」の意）で、理性をかき乱す花だ。妖精の王オーベロンはパックに説明する。

……俺の目はキューピッドの矢が落ちた場所をとらえたのだ。西のかた、そこには小さな花があって、それまで乳のように真白だったものが、恋の矢傷を受けて、たちまち唐紅に変じてしまった――娘たちはその花を「浮気草」と呼んでいる……（第2幕第1場）

オーベロンはタイターニアにとって「忌《いま》わしい想いがむらむらと湧《わ》きあがる」最適な場所は、雑草の生えた野生の花のベッドだと考える。

そうだ、あそこに堤がある。麝香草《じゃこうそう》の花が咲きみだれ、桜草が伸び、菫《すみれ》は風に吹かれ、そのうえに、甘い香りの忍冬《すいかずら》、野薔薇《のばら》、麝香いばらが天蓋《てんがい》のように蔽《おお》いかぶさっている。（第2幕第1場）

このように妖精の女王はジャコウソウ、サクラソウ、スミレ、スイカズラ、ノバラやイバラの上に横たわり、魔法の薬を塗られる。

『リチャード二世』［松岡和子訳／筑摩書房／2015年］では庭が政治的な隠喩に使われている。女王が、ふたりの庭師が庭の管理に関する問題を口にしながら、じつは国の状態について討論している話をふと耳にする。庭師たちは、雑草が野放しになっている花壇の草刈りに時間を取るのは無駄だと文句をこぼす。

『シェイクスピアのソネット』［小田島雄志訳／文藝春秋／2007年］において、雑草はたいてい腐敗と堕落の象徴だ。雑草は栽培している植物を脅かし、精神を堕落させると考えられている。ソネット69では、愛する対象は美しく見えるのに、育って暮らす土地が汚れているために（ここから「土壌」を意味する「soil」が「汚す」という意味を持つようになった）、あるいは、隠れた堕落にむしばまれているために、穢《けが》れてしまう。

あなたの美しい花に雑草の悪臭を加えます。
なぜあなたの匂いはその姿に似合わないのです、
それはあなたが卑しい地面にはびこるからです。

同じように、ソネット94では、愛される植物と腐っていく植物を比較している。雑草は農業経済や美しい土地にとっても脅威で、腐った臭いは不快な評判や、美しい外皮をかぶった内面の汚い本質を暗示している。

どんなに美しいものも卑しい行為で醜くなり、
白百合も腐れば雑草よりいやな臭いを放つ。

雑草の通称の多くはこうしたイメージをもとに付けられている。たとえば、ニオイハッカ (stinking horehound)、アクマノニオイツボ (devil's stinkpot)、ニオイスッポンタケ (stinkhorn)、ニオイカモミール (stinking camomile)、ニオイクリスマスローズ (stinking hellebore) などだ。

小説のなかの街の風景に雑草が出てくると、たいていは不道徳な雰囲気を強調する。たとえば、トーマス・マンの『ヴェニスに死す』(1912年) では主人公グスタフ・フォン・アッシェンバッハが狭い路地で道に迷い、小石や臭いゴミにまじって生えている雑草につまずく。これは彼が威厳を失ったことを表している。ジェームズ・ジョイスの『若い芸術家の肖像』(1916年) では、

『夏の夜の夢』でタイターニアを演じるカルロッタ・ルクレール。ロンドンのプリンセス・シアター。1856年。

おそらくジョイス自身の罪の意識を視覚化したのだろう、主人公スティーヴン・ディーダラスの脳に、ヤギのような不気味な動物が住む、排泄物にまみれた雑草だらけの野原が浮かんでくる。
アウグスト・ストリンドベリの『令嬢ジュリー』（1888年）［内田富夫訳／中央公論事業出版／2005年］では、雑草が使用人ジァンの屈辱感や令嬢に恋心を抱くことへの罪悪感を表す小道具になっている。

そこでピンクの洋服と白い長靴下が見えました。――それがお嬢さまでした。私は積み上げた堆肥の陰に身を隠しました。お分かりですか、チクチク刺すアザミやいやな匂いのする湿った土の下にです。そしてバラ園を行き来するあなたを見つめながら考えました。[22]

ヘンリー・ソローは超絶主義［人間の内面の神聖さ、神や自然との交流を重視し、日常的経験を超絶した直感による真理の追求を説く思想］を提唱し、自身の農業計画を人間を成長させる手段と考えた。農夫にとって雑草は厄介な存在だが、お腹をすかせた鳥には恵みとなる。鍬で土を耕す音は音楽ととらえ、マメは観客になった。「私の鍬はフランス民謡を奏でているのだ[23]」。ジェラード・マンリー・ホプキンスは雑草も含め、自然界のあらゆるものに存在する神を探し求めた。雑草は「当初からエデンの園にあった大事なもの」だ。しかし、晩年に近づくと、彼は自然が現代の攻撃に耐えうるのか不安を抱き始め、雑草は人間に汚された自然が呼び起こす追憶の象徴となった。『春 *Spring*』（1876年）で頭韻を踏んだ第2行では、過去への想いが現れている。

春ほど美しいものはない
春の雑草　華やいで　新たな愛らしい青々とした芽を伸ばす

詩人ジョン・クレアは『思い出』で撞着《どうちゃく》語法［意味が矛盾する言葉を意図的に結びつける表現方法］を用い、「破壊的な美でトウモロコシ畑を困らせる」雑草の性質を、追放者と精神病の象徴でありながら過去の美の象徴でもあるととらえた。雑草は18世紀末から19世紀にかけて西洋で起こった農業改革の過程で失われたものの縮図だ。すべては人間の誤った除草によって破壊されたのである。イギリスでは、雑草は共有地の獲得を意味する隠語となっている。囲い込みを好んだ人々にとって、雑草は現代農法によって征服すべき厄介者だった。クレアは田舎の共有地を分け合う古来の方法を変えることに反対で、自分自身を見下された野草に重ねていた。『荒れ地でひっそりと咲く目だたぬ花へ *To An Insignificant Flower, Obscurely Blooming in a Lonely Wild*』（1820年）にあるように、雑草は「まるで私のように野暮で、無視されている」のだ。文学研究員兼作家のミーナ・ゴルジはクレアの見解を受け、雑草は政治的、および、おそらくは美的にも革命を起こしていると表現した。

クレアにとって雑草は美しく、その美の一部は生産性や利益とは別のところに存在する。雑草は世界に対する別の見方をつねに思い出させてくれる。ある意味、雑草は詩のシンボルであり、芸術のための芸術だが、なによりも人間中心主義ではない芸術の概念を訴えている。万物の永遠なる秩序を示す印なのだ。[24]

雑草は都会の裏通り、見捨てられたゴミだらけの場所でも繁茂する。

A・E・ハウスマン、エドワード・トーマス、ジェラード・マンリー・ホプキンス、ジョン・ベッジュマンら多くの詩人による詩は、複雑な寓意に雑草を取り入れている。『ハリー・ポッター』にも、まるで巨大なナメクジのような、エキスがニキビに効くという雑草「ブボチューバー」が登場する。

長いこと、植物は人間の要望に逆らう性質があるのではないかと恐れられてきた。21世紀の科学は地球温暖化や都市の温室効果が雑草の頑固な性質をますます強化させると警告している[25]。SFの世界ではかなり前からスーパー雑草が登場し、その後、事実、除草剤に耐性を持つ植物が生まれ、ヨーロッパではGMO（遺伝子組み換え作物）の是非が議論されている。ホラー小説や映画にもコントロールの効かないさまざまな植物が出てくる。ジョン・ウィンダムの『トリフィド時代：食人植物の恐怖』（1951年）［中村融訳／東京創元社／1963年］では、雑草のモンスターが根を使って歩き、荒々しく生い茂

旺盛に育つセイヨウヒルガオ。古代エジプトの墓で見つかった花冠に使われていた。再生と多産の象徴。

トール神に捧げるイラクサ。嵐が起こったときは燃やしてトールの守護を乞うた。

り、毒を持つ緑色のトゲで人間の目を潰したり殺したりして肉を食いあさる。はびこる人食雑草はほかにもいる。A・E・ヴァン・ヴォークトの『拠点との闘い *War Against the Rull*』（１９１２年）に出てくる架空の窒息植物ライトヴァインもしかり。スコット・スミスの『ルインズ――廃墟の奥へ』（２００６年）〔近藤純夫訳／扶桑社／２００８年〕に出てくる雑草は、殺人を成し遂げるため人間の言葉をまねる。H・G・ウェルズの『宇宙戦争』（１８９７年）〔中村融訳／東京創元社／２００５年〕に登場する火星の赤い雑草のように、他の惑星からやってきた植物もいる。この赤い雑草は水路をあっという間に堰《せ》き止め、まるで、「大地を横切る赤いぬるぬるした動物のように、生きている深紅の触手を動かし、野原や溝、木、生け垣を覆いながら」地を這うのだ。

　民間伝承では雑草に神話にもとづく力を持たせている。もとになっているのは雑草の物理的特徴だ。たとえば、アクマノニオイツボやニオイスッポンタケは、まるで強烈な臭いを放つ悪魔だ。多くの文化でイラクサとそのトゲは力と結びつけられている。北欧神話の神トールはイラクサで表され、彼の起こす稲妻はイラクサを燃やせば防御できる。ハンス・クリスチャン・アンデルセンは『野の白鳥 *The Wild Swans*』（１８３８年）に雑草が持つ超自然の力を取り入れた。王女は11人の兄弟を救うために、墓地からトゲだらけのイラクサを抜いてきて上着を編まなければならない。アンデルセンはこの雑草が生態系に欠かせない植物だと考えていたのだろう。イラクサは分解されると植物の生長に必要な栄養素、窒素とリン酸塩を生み出す。王女は繊維を取るために素手でイラクサを引っぱり、素足で踏みつけなければならなかった。そして、雑草と自然の攻撃に勇敢に立ち向かい、耐え抜いた。

王女はかよわい手で醜いイラクサをつかみました。トゲが火のように刺さり、腕や手にひどい水ぶくれができてしまいました。それでも王女は愛する兄弟たちを助けるためなら、喜んで耐えようと思ったのです。そして裸足でイラクサをひとつひとつ踏みつけ、緑色の布を織りました。[26]

水中の雑草――水草や海藻――はときに溺死の原因、少なくとも一因として描かれる。ハーマン・メルヴィルの中編小説『ビリー・バッド』〔飯野友幸訳／光文社／２０１２年〕では、ビリーが「じくじくからまる海藻」に海中深くまで引き込まれる。罪のない若い水夫がキリスト教徒にとっての天国で蘇るのではなく、邪悪な雑草の根が張っている大海の底に沈められてしまうのだ。[27]

第1次世界大戦中は、兵士たちが思い出の品や、たいていは形見として、絹糸で花を刺繍したポストカードやシガレットカードをたくさん故郷に送った。刺繍された花は、バラや花壇で栽培されている雑種より野生の花のほうが圧倒的に多かった――ケシはもちろん、パンジー（スミレ）、ヒナゲシ、アザミ、タンポポだ。こうした小ぶりでも頑丈な雑草はドブのようなひどい環境でも繁茂したため、兵士にふさわしく、故郷で待つ者にとって希望の徴《しるし》となっていたにちがいない。

雑草はけっして滅びない。
ドイツの格言

種を蒔いたら7年は草取りが必要だ。
アメリカの格言

穀物は雑草のせいで息絶えるのではない。原因は農夫の怠惰である。
中国の格言

「うちの農場に雑草がはびこっているのは、ただ除草の時間が取れなかったからだ」――そう話す人間は怠け者である。
ナイジェリアの格言

口先だけで行動しない人間。いわば、雑草だらけの庭だ。

イタリアの格言

肥えた土地には耐えられぬほど臭い雑草が生える。

ルーマニアの格言

楽観主義者にとって、すべての雑草は花である。悲観論者にとっては、すべての花が雑草になる。

フィンランドの格言

第4章　不自然な選択：雑草の戦い

庭師や農夫なら雑草とその破壊力に恐れを抱くことがあるだろう。私はどこに引っ越しても同じ数種類の雑草に出会う――ロンドンやその周辺の重粘土の土地、ミッドランズのローム層、ケニアのナイロビの肥沃な赤土、そして、日本の本州の火山灰が薄く積もった地域まで。ハクサンフウロの一種でゼラニウムの親戚にあたる雑草ヒメフウロは簡単に引き抜ける。花はピンクでかわいらしく、先の尖った美しい種子袋を付け、シダのような葉はつぶすとネコのような臭いがする。毎年、自然播種で増え、注意していないとそこらじゅう可能なかぎり埋め尽くす。しかし……競争はほとんどせず、8か月間、繰り返し花を咲かせる。私は自分に、土壌を侵食から守ってくれているのだ、といいきかせている。同様に、一年生のヤマアイも所かまわず生えてくる。野生のトウダイグサ科ユーフォルビアの種子は窓辺でマメ鉄砲のように弾け、グリーン・アルカネットは薄暗い裏庭でも粗い葉を茂らせ、何年も私をごまかしてハーブのルリジサのふりをしていた。十字軍が出陣するさい、別れの杯を交わしたとき、兵士に勇気を与えるため杯に浮かべたのがルリジサの鮮やかな青い

グリーン・アルカネット。うぶ毛たっぷりの多年草で西ヨーロッパの多くの庭で悩みの種になっている。ときにルリジサとまちがえられる。

花だったそうだ。カンパニュラは薄青の花を付けて私の植木鉢をにぎやかにしている。ミズタマソウは小さな白とピンクの花を咲かせ、可憐に見えるが、地下では暴れん坊だ。細く白いスパゲッティのような根はすぐ千切れて新しい株を増やす。苦労して掘っても掘ってもその先端は見えてこない。そしてタンポポは地上に顔を出した芽を抜かれ、日の光をすっかり奪われても、うちの玄関先で繰り返しみずみずしい新芽をのぞかせる。

雑草が繁茂する理由はその強さにあるが、駆除するコツもあるはずだ。再生する仕組みを理解すれば蔓延を抑制できるかもしれない。毎年種子から発芽する一年生にせよ、隔年生にせよ、多年生にせよ、雑草の根は環境に適応しなければならない。それが生き残る究極の秘訣なのだ。ランナーともいわれる匍匐茎《ほふくけい》は、地表あるいはそのすぐ下で地面と平行に這うように伸びる。ストロベリーやブラックベリーのように、親株も子孫もジェネッ

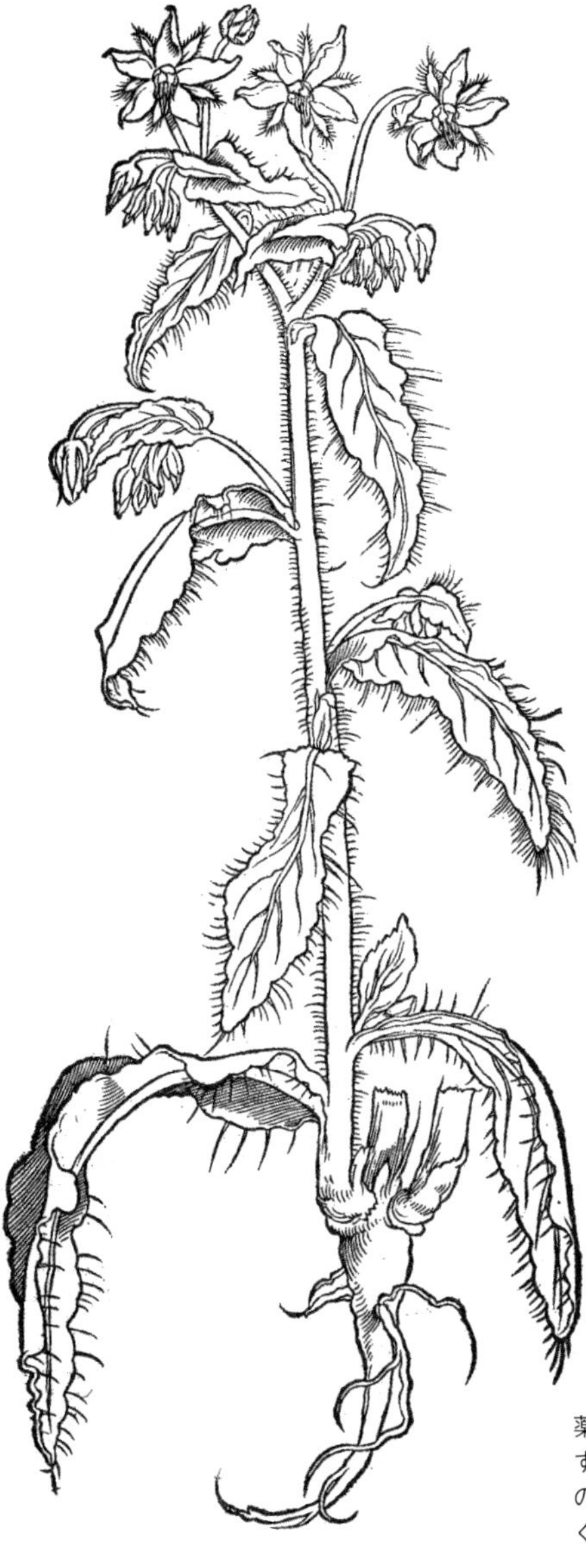

薬草ルリジサ。十字軍兵士が出陣するさい、勇気を与えるため別れの杯に浮かべられたのは、おそらくこの鮮やかな青い花だ。

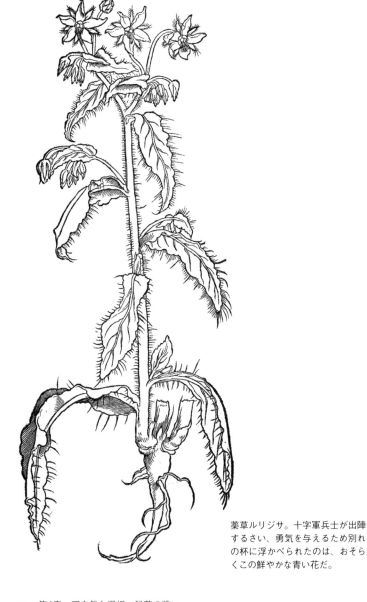

セイヨウヒルガオは匍匐茎や根茎で再生する。たくさんなる種子は20年間も発芽を待っていられる。

ト［ひとつの種子から生育する株の集合体］がクローンを作り、これが分離して新たな株になる。ミントなどの多産なハーブと同様、ほとんどのイネ科の雑草はこの方法で繁殖する。ミントはかなり丈夫なタイプが多いので、もし食材や香りのために栽培するなら、匍匐茎が伸びないよう、植木鉢で育てるか、底を抜いた大きめの容器を地面に埋め、根の生長を抑制しなければならない。濃いオレンジ色の花を付けるコウリンタンポポは種子が風で運ばれ、匍匐茎や浅い地下茎によって無性生殖で再生する。北アメリカやオーストラレイシアの一部では侵略種の雑草だ。地下茎とは地下に伸びる膨れた茎で、ときに地表に現れるが通常は土中深くで伸びていく。おかげで、天候の急激な変化にも耐えることができる。たとえば、セイヨウヒルガオは匍匐茎で再生し、地下茎を伸ばす。この防御と再生のダブルシステムがあるからこそ、根絶がかなり難しくなっているのだ。

多くの人にとって雑草と聞いてまず頭に浮かぶのは、当然、かならずや迫られる草むしりだろう。小さな雑草を放置して茂らせてしまった代償は、じつに骨の折れる作業だ。機械化が進む以前は重労働だった。家庭の庭でさえ、終わりのない草むしりに煩わされる。実際、いっさい草むしりをしなかったら、花壇や芝生に茂る雑草を見てげんなりし、絶滅させたいと願うだろう。だからこそ、コンクリート製の中庭やベランダに人気があるのだ。筋肉痛になったり、爪が割れたりするのも面倒だし、除草はけっして完結しない。雑草は抜いても抜いてもまた生えてくるのだ。

シェイクスピアの『ヘンリー五世』ではブルゴーニュ公が雑草で荒廃した田舎と戦争そのものを直接対比させている。

ドクムギ、ドクニンジン、茂り過ぎたカラクサケマンなどが
根を張り、そのような雑草を抜こうにも
鋤《すき》はすっかり錆びてしまった。（第5幕第2場）

ここに出てくる雑草は進んだ農業とは対照的な未開の地を示唆している――鋤の先端に付いているのは鉄製の刃だ。

いまは鎌《かま》を入れることもなく、手入れも
されずに荒れ果てて、はびこっているのは嫌われ者の

ジャン・フランソワ・ミレーの「鍬を持つ男」。1860 ～ 62年。男性が鍬でアザミを掘り返している。古代から続く骨の折れる仕事だ。

スカンポ、野アザミなど棘《とげ》やイガだらけの草木ばかりで
美しさを失い、役立たずの荒れ地に
なり果てました。（第5幕第2場）

ここでいう「棘」はすかすかの枯れた芽で、ブルゴーニュ公は長柄の鎌で刈るものだと思っている。国家は政情の不安定を避けようと警戒していたにちがいない。配慮の行き届いた農業が必要とされ、雑草は駆除しなければならなかった。しかし、悪徳の母である怠惰が、懸命に畑を耕さなければならないときにかぎって人間を罪へと追いやるのだ。

ロンドンの庭園博物館に展示されている道具には、さまざまな形に改良した棒状の除草器がある。19世紀後期のものは柄の先に刈り取り用の刃と草取り器が付

いていて、使わないときは木製のさやのなかにしまっておける。1920年頃の「スパッダー」は鑿《のみ》に似た道具で、踏み鋤に雑草や根抜き用の細い刃が付いている。1930年代の「スラッシャー」は草を刈り取るナイフだ。そして、なにより発明の才に富んでいるのは、地中深く張った根を掘り起こせるよう細長い柄が付いたステッキ型除草具だろう。まるで、冷戦時代の暗殺兵器だ。1978年、ブルガリアの反体制派ゲオルギー・マルコフは毒物リシンを隠し込んだ傘で太腿を突かれて暗殺された。リシンはトウゴマの種子に含まれる致死性の毒素だ。

現在の庭の物置きにも、鋤やフォークを入れておけるくらいのスペースはあるだろう。強靭な刃や歯で根を掘り起こせるため、このふたつがあればほとんどの庭仕事がこなせる。一般的な熊手は生えてきたばかりの雑草の苗をほぐしとることができる。しかし、草刈りに特化した基本の道具といえばなんといっても鍬だ。押し鍬の刃はギリシア文字のオメガ（Ω）型で穴があいているので、株間に生えた若い雑草を取るのに適している。先端の刃を使えば、深く張った根も素早く切断することができる。白鳥の首型の鍬は刃が深く入るため、叩き切るときに使いやすい。また、重くて頑丈な牽引式の鍬もあり、かなり頑固な雑草も刈ることができる。大型のバネ式熊手は芝生の草をかき取るが、これから植えつけをする苗床で、とくに新しい雑草が芽を出したとき、根を掘り起こし、日光に当てて乾燥させるのに役立つ。中世風の木製熊手はいまも干し草用の背の高い雑草やイラクサを切り取るのに最適な道具だ。背を丸めて雑草を取る人の姿は、まるでブリューゲルの絵からそのまま抜け出してきたかのようだ。とはいっても、小さな庭があってときおり草取りに精を出すだけなら、古い包丁を手に四つん這いになれば十分だ。

インドでは湾曲した刃が付いた手斧キルピーを畑や庭のあらゆる作業に使っている。インド中央にある第2の都市マディヤ・プラデーシュ州は、近年、雨期が予測しづらく、種を蒔く直前やちょうど種子がなる頃、雨量が少ないはずなのに何度も土砂降りに見舞われることがある。そのため、小規模経営の農民の多くは昔の方法に戻りつつあり、複数種の種を蒔いている。[1] このリレー栽培ではコメにマメ類やキビを組み合わせ、つねになんらかの食材が収穫できるよう工夫している。これは実践的ながらささやかな解決策だが、手作業での草取りを徹底しておこない、それも作物の苗と雑草をひとつひとつ区別しなくてはならない。アフリカの農民は平らな刃の先が45度ほど傾斜している中型の山刀マチェーテを好んで使っているようだ。中国ではマチェーテの柄を長くしたタイプが好まれている。また、柄は残っていないが、2000年以上前にローマで作られた黒曜石の刃が当時のままの状態で発見されている。

こんにち、発展途上国で除草の仕事を担っているのは男女全年齢層のなかで女性と少年が多い。ジョン・クレアが農業革命の幕開けを過ごした当時のイギリスや、事実、西ヨーロッパのほとんどの地域も同様だ。ジョナサン・ベイトはこう語っている。クレアは「村の老女とともに働いていた。彼女たちは草取りを支え、『巨人・いたずら好きな小鬼・妖精』の物語を口にして時をやり過ごしていた」[2]。

7000年前の中国の洞窟壁画には、曲がった棒——たぶん動物の肩甲骨か鹿の枝角——を手に土地を耕す男性が描かれている。上海博物館では唐王朝の陶製の農夫が3体展示され、現在の鍬に似た道具を持っている。エジプト中王国（紀元前2040〜1750年）の墓からは鍬を手にす

水田での除草作業。日本。鈴木真一撮影。1873 ～ 83年頃。鶏卵紙プリントに手彩色。

る男性の木像が複数発見された。たいていは鍬を握って構えており、つまり、あの世でもし食料が足りなくなったらすぐ主人のために働くという意思表示だ。いまも古代エジプトの首都テーベでは、紀元前1550～1070年の木製の鍬が発見されている。大英博物館によると、耕作地は木製の鋤で耕し、土が硬かったり雑草が生い茂っていたりする場合に鍬を使っていたらしい。石製の刃は、木柄がとっくに腐ってなくなっていたが、紀元前5000年のものがメソポタミアで見つかっている。ザンビアで発見された鉄製の鍬は放射性炭素年代測定によると紀元前1200年頃のものだった。アメリカ独立革命時に農夫が使っていた古い暦には、盗まれた鍬を取り戻した者に報奨金が提示されている。そう、鍬は市場価値が高かったのだ。

鉄器時代には専用にデザインされた金属製の道具が誕生した。たとえば、中世ヨーロッパの

小児麻痺を患うアフリカの少年が柄の長い鍬を使って硬い地面の雑草を取っている。1950年頃。

雑草用フックは柄が長く、片方の先端はフォークで、もう片方には金属製のカギが付いていた。残念ながら、こうした雑草退治の武器がそろっていてもフキタンポポのような多年草は根を深く広く伸ばすため駆除できない。この手の雑草は、根や匍匐茎がほんの少しでも残っていればいとも簡単に新芽を伸ばす。実際、イラクサやセイヨウヒルガオのように、除草するとかえって新たに生えてくる株は強くなるのだ。それに、除草道具があっても風で運ばれてくる種子の発芽を抑制することはできない。

ウェルギリウスの『農耕詩』（紀元前29年）［西洋古典叢書『牧歌／農耕詩』収録／小川正廣訳／京都大学学術出版会／２００４年］はつる植物

リチャード・ドイルの「ギシギシの葉の下で」。1878年。森の空き地で踊る妖精たち。実体がなく小さな妖精と葉を大きく広げた植物を対比させている。

がからまる厳しい自然界と戦う人間の苦悩を次のように綴っている。「不毛な薊《あざみ》が畑にぼうぼうと生い立った。作物は死に、代わりに八重葎《やえむぐら》や菱などの刺々しい草むらが生い茂り、輝かしい耕地の間に、無用の毒麦と実の乏しい烏《からす》麦が勢力を広げる……もしもたえず鍬《くわ》を手にして雑草と戦わなければ……」[3]。
アリス・スタームは、２０１２年、ペンシルヴェニアの耕作地で働きながら、この骨折り作業のことを「なにより時間を浪費し、まったく知性を必要としない仕事」と表現した[4]。しかし、それと同時に、瞑想するにはもってこいの時間だとも評している。多くの人にとって、自分の庭の雑草を淡々と抜き続ける作業は、日頃なかなか味わえない平和なひとときをもたらしてくれるのだろう。新しく生えてきた植物を、美しいものか不要なものかを区別し、元気づけたい植物のために生長の道を築き、恵みを与えている気分になれる。しかし、この作業はあまりに単純なので迷いが生じやすい。なんらかの問題に固執

一般に雑草取りは女性の仕事だと考えられている。写真はウエスト・ヴァージニア州タッカー郡にある林業用苗床でおこなわれている除草作業。1940年。当時、撮影したB・W・ミュアがこうコメントしている。「女性が草取りをしているのは手先が器用だからで、時給は40セントだ」

すると効率は落ちる。だが、簡潔で秩序だった除草作業は、ともすれば見逃していたアイデアに気づかせてくれるいい機会かもしれない。

ただし、手作業による除草はじかに植物に触れるため、呼吸器系疾患や皮膚炎等のアレルギー反応ほか、健康上の問題を引き起こす可能性もある。なかでも、ツタウルシ、バイカルハナウド、スマック、アメリカツタウルシは重い炎症や水疱を誘発する。有毒なベラドンナは、生け垣の近くで雑草を抜いたり、どの部分にせよたまたま触ったりしただけで膿疱ができる。ブタクサやトウダイグサ、樹液を含む多くの野草は、視力障害や有痛性の発疹を引き起こしたり、完治しない瘢痕を残したりする。

フィンランドの博物学者ペール・カルムは、カール・リンネから世界中の種子、標本、情報をスウェーデンに持ち帰るよう派遣された弟子のひとりで、1748年にイギリスを訪れた。刈った草を土壌保温用のマルチ（根覆い）として利用し、腐ったら肥料や雑草除けに使ったと記録している。また、チェルシーでは市場向けの栽培業者がどのように雑草を集めているかに注目し、前述と「同じ目的で使うため、雑草を山積みにしていた」と書いている。[5] いっぽう、果樹栽培にも触れ、おそらく根元に生えている雑草のせいで収穫高が減っていたこと、および、なぜマメ類を列状に植えるようになったかを解説した。「そうすると、マメの生長を抑制して栄養分を奪う雑草を鍬で簡単に除去することができるし［当時は解明されていなかったが、マメ科の持つアレロパシー（他感作用）は雑草の生長を妨げる］……おまけに、マメはほぐれた土壌ですくすく生長する」[6]

従来、鋤は種を蒔く前の雑草取りに使われた。

鋤で雑草の根を掘り起こし、それを日光と風にさらして枯らす。大切なトウモロコシのそばに生える雑草だけでなく、カラスムギ、ドクムギなどの雑草も駆除できる。こうした雑草は自家播種で、地上に芽をのぞかせると同時に恵みの大地からすべてを吸い取っていくのだ。[7]

ジェスロ・タルは1701年に種蒔き機を発明し、さらに、1703年にはウシが引く鍬を考案した。おかげで、カルムが観察した掘り起こし作業を効率よくおこなえるようになり、雑草の根を地表にさらしてしおれさせ、枯らすことができた。しかし、深く張った多年生雑草の根は、あとからさらに手作業で抜かないとあっというまに再生した。タルは自分で考えた農法をブドウ園の栽培になぞらえた。ワイン製造者はブドウと同じ環境を享受する雑草の大群に直面する。20世紀半ば、オーストリアのワイン商人レンズ・モーゼーは、一部の雑草は敵だが、一部の雑草はブドウの生長を促し、香りをよくすることに気づいた。現在、モーゼーの会社は環境に優しく害の少ない除草法を採用し、さらに、役に立つ雑草がブドウにいい影響を与えるよう工夫している。いっぽう、カリフォルニアのブドウ園では毒性を持つ多くの雑草がじょじょに除草剤に耐性を持ってきている――アレチノギク、ムカシヨモギ、ヒメムカシヨモギ、ネズミムギ、ドクムギ、コヒメビエなど、例をあげたらきりがない。イヌビエ、セイバンモロコシ、一年生のヤナギランなどは、現在、耐性を備え始めている。人間が抗生物質への耐性を得るように、薬品の過剰な使用が原因だろう。栽培者は1年に2回以上、化学薬品で作った除草剤を使用しているのだ。危険は、こういった駆除不能になりつつある「スーパー雑草」に潜んでいる。雑草研究者ブラッド・ハンソンは、異なる種類の除草剤を併用するようすすめている。もっとも一般的なグリホサート［根まで枯らす。遅効性］とグルホシネート［根は残して葉と茎を枯らす。即効性］を交互に撒くのだ。また、雨が降ったあと、一気に繁茂しないうちにタイミングを見計らって除草する昔ながらの方法も推奨している。[8]

水生の雑草は漁業関係者、および、環境全体にも問題となっている。アルゼンチン南部やコロラド川下流域では、シャジクモ（学名 *Chara contraria*）やリュウノヒゲモ（学名 *Potamogeton pectinatus*）のような水草が水力発電所の取水ポンプをふさぎ、灌漑《かんがい》や排水路を邪魔して、洪水を引き起こしたり、農耕地を塩水に浸けたりしている。[9] 南アメリカ原産で綺麗な紫色の花を付け、世界最悪といわれる水草ホテイアオイなど、もつれて漂う水草は航行を危険にさらし、フロリダに大被害をもたらしている。巨大な塊は重さ200トンにもおよび、その肉厚の葉で水路や湖をふさぐ。生い茂った水草には巻貝類が棲み、ひいては寄生性の扁形動物や住血吸虫が発生し、結果、熱帯地方で慢性の寄生虫感染症を引き起こす。その壊滅的な影響はマラリアに次ぐレベルだ。[10]

1970年代に日本の水田でおこなわれた調査によると、1ヘクタールの除草を従来の手作業でやると500時間かかるが、除草剤を散布すれば90時間に減る。さらに、自然発生したカブトエビ［約3センチの小型甲殻類。エビではない］に任せれば、たった12時間で済む。[11] この小さな生き物はたくさんの仕事をやってくれるのだ。雑草の小さな芽を根こそぎ食い尽くし、動き回って水が濁るまで土を撹拌し、雑草の生長を妨げ、新芽の光合成を阻止し、若いつぼみや苗のほか、イネの茎で生長する菌まで食べてくれる。ただし、この方法は移植栽培の水田でしか効果がない。カブトエビにはイネの苗と雑草の区別ができないからだ。

雑草をコントロールする昔ながらの方法は民間伝承を参考にすることが多い。民間伝承では雑草は悪者で、強力な魔術を使って管理する。野草は前述したように悪魔と関連づけられている。たとえば、イラクサの毛は悪魔が持っているあのフォークの歯をほのめかし、アイルランドでは、きのこは妖精プーカたちの存在を示すといわれている［きのこが円を描いて生える現象（菌輪）は「妖精の輪」といわれ、妖精たちが輪になって踊った跡だという民話がある］。ブラックベリーは悪魔が10月初旬におしっこをひっかけるため、9月末以降に摘んではならない。寒さが香りを奪い、果実はまちがいなくじゃりじゃりと水っぽくなっている。セイヨウサンザシ、別名メイブロッサム（5月の

コメのプランテーションで雑草を抜くアフリカ人労働者。アメリカ、ノース・カロライナ州ケープ・フィア・リバー。木版画。1866年。

花）は家のなかにあると不幸になると信じられていて、喘息の発作も引き起こす。

ニューエイジらしい除草法には、植物の相互作用にまつわる古代の知恵を頼りにしているものもある。たとえば、暗くなってから土を耕したり種を蒔いたりする方法は単なる儀式のようにも思えるが、日中に土を掘り起こすと埋まっていた雑草の種子が日光を浴びて発芽してしまうのだ。

生物学者ダニエル・チャモヴィッツは私たちに考えるよう呼びかけている。植物も動物と同じように、見る、匂いをかぐ、聞く、触れる、さらには記憶することまでできるととらえるべきではない

市民菜園で花粉を運ぶ動物を引き寄せるマリーゴールド。

だろうか。ネナシカズラはアサガオの近縁（ヒルガオ科）で寄生性の雑草だ。自然環境作家エイミー・スチュワートは『邪悪な植物』で「ネナシカズラに覆《おお》われた野原は、クレイジーストリング（樹脂が細い紐状に噴射されるスプレー缶入りのパーティーグッズ）を撒き散らされたように見える」と表現している。[12] ネナシカズラは種子が地中で発芽すると、細い新芽をらせん状に伸ばして他の植物にからみつき、その茎に寄生根を突き刺す。宿主はコムギ、クローバー、アルファルファ、アマ、ホップ、おそらくマメ科もだ。寄生したらネナシカズラの根はその名の通りみずから枯れ、その後は栄養分をすべて宿主に依存する。

雑草のなかには触ることで抑制できるものもある。これを接触形態形成という。たとえば「（オナモミの）葉を1日3回ただなでるだけで、物理的生長を完全に変えることができる――遺伝子構造までも、だ」[13]。オナモミは北アメリカの農地に生える一年生の雑草で、カギ状のイガが付いた種子を飛ばして広がり、家畜に猛毒をもたらす。接触形態形成を大規模な農場等で適用するのは想像しがたいが、オナモミが農地に種子を飛ばす前になでる技術を開発する――これなら夢物語ではないかもしれない。

タンポポのような多年生の雑草は掘り起こすことでコントロールできる。まさにペール・カルムが観察したとおり、開花直前まで放っておき、その後、刈り取ったらひっくり返してその後の生長を止める。庭や市民菜園では酢を散布すると葉が乾燥して枯れるため、ツタやブラックベリーなど手ごわい雑草もじょじょに抑制することができる。同様に、植物油も周囲の植物に危害をおよぼすことなく雑草を窒息させることが可能だ。庭の小道など、ごく狭い範囲に限られるが、やかんや鍋に残った熱湯をかけると雑草の生長を阻止できる。また、花壇に所狭しと草花を植えれば、多くの雑草が生い茂ることはまずないが、これでは一般の人々が望む従来の美観とやらに反してしまう。やはり、植物はきちんと整理して植え、畝間から土が見え、雑草など生えていてはいけないのだ[14]。草取りの代わりに、牧草地や自宅の庭でニワトリを放せば水分の多い苗をついばみ、土を掘り返して耕しやすくしてくれるうえ、フンは肥料になる。ただし、カブトエビ同様、ニワトリも雑草と貴重な植物を区別することができない。

雑草から光を奪うマルチにはいろいろな種類がある。黒くて厚いポリエチレン製のマルチは土の表面にかぶせ、作物の芽は穴をあけたところから生長させる。これは長期間有効だが欠点があり、下の土が乾いてしまう。紙製、またはビチューメン（瀝青《れきせい》）が主原料のフェルト製など、近年の通

しく、美しく生きる彼女たちのリアル

ォト・ドキュメント **世界の母系社会**

ナディア・フェルキ／野村真依子訳

世界のさまざまな地域で引き継がれている「母系社会」。どのようにして生まれ、そして歴史をつむいできたのか。写真家にして研究者でもある著者が 10 年にわたって撮り続け、交流してきた貴重な記録。

B5変形判（188 ㎜× 232 ㎜）・3600 円（税別） ISBN978-4-562-07197-5

うして人はメガネの虜になった！ その誕生から最先端デザインまで

フォトグラフィー］ **メガネの歴史**

ジェシカ・グラスコック／黒木章人訳

13 世紀に誕生した世界初の老眼鏡から、片眼鏡、オペラグラス、サングラス、レディー・ガガの奇抜なファッション眼鏡まで。ときに富や権力、女性解放の象徴となった眼鏡の意外で奥深い歴史を、豊富なビジュアルで解説。

A5判・3500 円（税別） ISBN978-4-562-07201-9

家は安住の場所か？ それとも……

怖い家

伝承、怪談、ホラーの中の家の神話学

沖田瑞穂

世界の神話や昔話などの伝承、現代のフィクション作品に見られる、家をめぐる怖い話の数々。そこに「いる」のは、そして恐怖をもたらすのは、人々にとって家とは何なのか。好評既刊『怖い女』に続く、怪異の神話学。

四六判・2300 円（税別） ISBN978-4-562-07202-6

朝日新聞国際発信部による英訳も掲載！

英文対照 **天声人語** 2022 夏［Vol.209］

朝日新聞論説委員室編／国際発信部訳

2022 年 4 月～ 6 月分収載。琵琶なかりせば／カチンふたたび／グッバイ、プーチン／ 20 歳の完全試合／アマゾンと労組／観光船の遭難／用事のない旅／歌よむ和尚／ネクタイ氷河期／アサリの春／金芝河さんを悼む／兵士よ、君は人間だ／書店消失／ノーヒットノーラン／カメラ小僧逝く／語り継ぐ石たち／バナナと小売価格／ロックの日／アミノ酸があった／いい店、だめな店／夏草や ほか

A5判・1800 円（税別） ISBN978-4-562-07176-0

郵便はがき

料金受取人払郵便

新宿局承認

6848

差出有効期限
2023年9月
30日まで

切手をはら
ずにお出し
下さい

160-8791

343

(受取人)
東京都新宿区
新宿一－二五－一三

原書房

読者係 行

1608791343　7

図書注文書 (当社刊行物のご注文にご利用下さい)

書名	本体価格	申込数
		部
		部
		部

お名前　　注文日　年　月　日

ご連絡先電話番号 (必ずご記入ください)　□自宅　(　　)
□勤務先　(　　)

ご指定書店(地区　　) (お買つけの書店名をご記入下さい)　帳

書店名　書店(　　店)　合

7170

花と木の図書館 **雑草の文化誌**

愛読者カード **ニーナ・エドワーズ 著**

＊より良い出版の参考のために、以下のアンケートにご協力をお願いします。＊但し、今後あなたの個人情報(住所・氏名・電話・メールなど)を使って、原書房のご案内などを送って欲しくないという方は、右の□に×印を付けてください。 □

お名前《フリガナ》 男・女（ 歳）

ご住所 〒 -

市 町
郡 村
TEL （ ）
e-mail @

ご職業 1会社員 2自営業 3公務員 4教育関係
5学生 6主婦 7その他（ ）

お買い求めのポイント
1テーマに興味があった 2内容がおもしろそうだった
3タイトル 4表紙デザイン 5著者 6帯の文句
7広告を見て(新聞名・雑誌名)
8書評を読んで(新聞名・雑誌名)
9その他（ ）

お好きな本のジャンル
1ミステリー・エンターテインメント
2その他の小説・エッセイ 3ノンフィクション
4人文・歴史 その他（5天声人語 6軍事 7 ）

ご購読新聞雑誌

本書への感想、また読んでみたい作家、テーマなどございましたらお聞かせください。

うして人はメガネの虜になった！ その誕生から最先端デザインまで

フォトグラフィー］ メガネの歴史

ジェシカ・グラスコック／黒木章人訳

13 世紀に誕生した世界初の老眼鏡から、片眼鏡、オペラグラス、サングラス、レディー・ガガの奇抜なファッション眼鏡まで。ときに富や権力、女性解放の象徴となった眼鏡の意外で奥深い歴史を、豊富なビジュアルで解説。

A 5判・3500 円（税別） ISBN978-4-562-07201-9

家は安住の場所か？ それとも……

怖い家

伝承、怪談、ホラーの中の家の神話学

沖田瑞穂

世界の神話や昔話などの伝承、現代のフィクション作品に見られる、家をめぐる怖い話の数々。そこに「いる」のは、そして恐怖をもたらすのは、人々にとって家とは何なのか。好評既刊『怖い女』に続く、怪異の神話学。

四六判・2300 円（税別） ISBN978-4-562-07202-6

京極夏彦氏推薦！ 重版出来！

図説］ 台湾の妖怪伝説

何敬堯／甄易言訳

死んだ人間、異能を得た動物、土地に根付く霊的存在――台湾にも妖怪は存在する。異なる民族間の交流によって生まれた妖怪たちの伝承や歴史をフィールドワークによって得られた資料をもとに辿る画期的な書。カラー図版多数。

A 5判・3200 円（税別） ISBN978-4-562-07184-5

ネイチャー誌ほか各紙誌絶賛！ 科学者たちの大いなるジレンマ

こうして絶滅種復活は現実になる

古代DNA研究とジュラシック・パーク効果

エリザベス・D・ジョーンズ／野口正雄訳

ネアンデルタール人の全ゲノム解析、絶滅種の再生――絵空事と誰も信じていなかった古代 DNA 研究が発展していった背景には何があったのか。映画『ジュラシック・パーク』の裏側にあった知られざる科学とメディアの力の物語。

四六判・2800 円（税別） ISBN978-4-562-07185-2

気性がある不織布マルチならこの問題をクリアできる。市民菜園等では古い絨毯や段ボールが効果を発揮するが、なにしろ見た目が美しくない。葉で作った堆肥、肥やし、家禽くず、ウッドチップなど、有機物のマルチはあまり効果がないが、土に栄養を与えるうえ、劣化しても片づける必要がない。粘土質の土壌は砂や砂利でマルチをすると、雑草を防ぎ、次第に土中に入り込んで水はけをよくしてくれる。透明なビニール製の浮きマルチは日光を通すので作物周囲の雑草を枯らすことはなく、むしろ生長を促してしまうが、土が硬くならないため収穫の前に雑草が抜きやすくなる。

アリス・スタームは自身の畑ですら雑草の定義は状況で変わると主張している。ニンジンやケールの畑では「アザミ、ゴボウ、タンポポ、イヌタデ、ハコベ、ブタクサ」は厄介な雑草だが、そこから数メートルしか離れていない区画では有用な資源になる。花を咲かせて虫を呼び、作物の受粉を助け、土壌の侵食を防ぎ、また、それ自身が美しい。スタームは、畝間の雑草を手作業で刈っていると、それまで途切れていた古代メソポタミアの農法が蘇ってきたような気分を味わえると述べている。速く効率よく作業できる鍬は鉄器時代への橋渡しだ。火炎除草機を使っているときは、まだ土地を荒らしていない雑草を攻撃しながら、きっと産業革命後の時代を思い浮かべているのだろう。スタームはほかにも機械を利用している。「針金の輪が付いたトラクターで畝間から芽を出したばかりの小さな雑草を粉砕し、シャベル耕運機を苗床のあいだに走らせて未墾の土を掘り起こす」。まるで、戦場に向かう、武装した古代ローマの剣闘士だ。

リチャード・メイビーは、ドロシー・ハートリーが『イギリスの土地 *The Land of England*』（1979年）に載せた初期農業の除草作業は、昔のやりかたを想像しながら、絵画をヒントにし、自身の観察と直感を加えて記したのだろうと指摘している。雑草を刈る人は、2本の棒を使う。1本めのフック型でトウモロコシの茎の根元に生えている雑草を引き抜き、もう1本のフォーク型で雑草の頭部を倒して地面に押しつける。草刈り人は1歩前に出て雑草の頭部を足で踏み、このときフック型をねじって根を地面から引き上げ、1本の線になるように置いていく。抜いた雑草は土を振り落とし、その前に置いた雑草の頭部に根を重ねる。このように、草刈り人は畝間の溝に沿って進みながら、トウモロコシの根元にこれから枯れる雑草のマルチをかけ、足幅程度の小道を作っていく。除草は一定のリズムでおこない、草刈り人が足で踏みしめた道はトウモロコシを収穫する人が利用する。[15]

トーマス・タッサーの『効率のよい農業のための500のポイント *Five Hundred Points of Good Husbandry*』(1557年)を1931年に編集したのはハートリーだ。タッサーは農業を改良した第一人者で、雑草の生長を抑制する種蒔き率の適用を提唱した。これは雑草研究者に「カルチュラル」と呼ばれている管理法だ「カルチュラル(cultural)には「教養的な」と「栽培上の」というふたつの意味がある」。タッサーが韻文を用いたのは、ウォルター・スコットいわく、読み書きのできない農夫が彼のアドバイスを覚えやすいよう配慮したかららしい。3月のアドバイスにはこうある。

オオムギとカラスムギ、種をたっぷり蒔こう、惜しまずに

種も雑草も土に任せ、そのままに

インド中央部のマディヤ・プラデーシュ州の田舎町で現在もおこなわれているように、18世紀ヨーロッパの農夫は鍬、フック、アザミ取り器を使って手作業で雑草を抜いていた。雑草を抑制するために動物が引く耕作機や草食動物を利用していたが、どちらも雑草の特性に合わせる必要があった。ウィリアム・マーシャルの『イギリス西部の農村経済 *Rural Economy of the West of England*』（1796年）には他の地域より2か月遅くコムギの種を蒔いたと記されている。「早く種を蒔いた作物は雑草に悩まされる傾向にある」からだ。[16]

産業化が進む以前の社会では、栽培種はつねに手作業による除草が必要だった。鋤が導入されても、多くの短期季節労働者を雇わなければならず、経費がかさんだ。除草は農業ビジネスを決定づけるものになった。除草のプロセスが効率よく徹底的なものになるにつれ、多くの危険が伴い、まちがいなく土壌はダメージを受け、必要な栄養分が奪われていった。スタームがずばりいい表しているとおり、「かさぶたをはがし続けている」のだ。この事態を救う伝統的な方法は、ワンシーズン、土地を休ませること。栽培者は自分の土地を4区画に分け、それぞれの必要性に合わせて植える作物をローテーションし、1区画は休耕地とする。この区画にはクローバーやルピナスなど窒素を豊富に供給してくれる雑草を植えるか、マルチなど雑草を抑制するマットをかぶせることもある。休耕は放牧地の管理にも取り入れられ、飼料となる草を回復させている。

夏の裸地休耕は伝統的な方法で、あえて夏の収穫をゼロにする。ウィリアム・マーシャルによる

都市鉄道で使用されていた除草剤噴霧機。アメリカ、ワシントン州ヤキマ郡。

と、イギリスでは中世からおこなわれていた。クリントン・エヴァンスは現在のアメリカ北部の慣習を解説するため、その歴史を引き合いに出した。夏の裸地休耕はオンタリオ州やプレーリー西部ではもっとも重要な雑草抑制法として採用されている。16～17世紀、イギリスの農家は2～3年ごとに畑を休ませ、そのあいだ雑草の生え具合によって土を2～3回耕した。18世紀になると、農業の改善に携わった者たちが、これだけでは不十分で、カラスムギをはじめとする多年生雑草からの攻撃は、2年続けて休耕しないと逃《のが》れられないと忠告した。

　農業の産業化は、つまるところ田舎町に生産ラインを築くことを示唆し、新たな除草剤の導入が検討された。これによって雑草が根絶できるため、休耕は必要なくなる。腐食性の化学薬品が葉や根を焼き、浸透性の除草剤が植物の芯にまで染み込んでいく。しかし、こうした化学薬品は葉に散布してもすぐには効果が出ないため、葉上の表面張力を弱める展着剤が必要になり、すると根の先までたどり着かず、完全に枯らすことができない。そこで農夫や庭師は散布量を増やす。結果、化学薬品が過剰にたまり、生物学的多様性や守りたい作物まで破壊する危険が生じる。硝酸アンモニアなどの除草剤は特定の用途をもち、芝生や牧草地で大きな葉をつける雑草や小粒の穀物をターゲットにしている。農場や屋外の共有地では、選択的灌注処理［作物を定植する前の育苗期に除草剤を散布する方法。定植後に長期にわたって安定した効果がある］や植物ホルモン作用撹乱型除草剤［植物ホルモンの作用を撹乱させて生育を妨げ、枯死させる］を撒く絨毯爆撃法に頼るようになってきている。

これまで見てきたように、雑草をコントロールすることは容易ではない。スタームが指摘したとおり、化学薬品を用いても雑草を根絶することは難しい。

となれば……化学物質に耐えうる特殊な作物が必要だ。すると、当然、同じように耐えうるスーパー雑草が生まれ……ひいては……雑草の生命力も向上する。そんななか、私たちは野原で小さな土地を区分けして利用し、それまでのゲームが戦争に発展する。現代の化学農法はあらゆる種類の除草剤を散布して全植物にダメージを与えている。かつては自然そのものが解決してくれた問題も、いまや化学的な対策法を見つけなければ乗り越えられない。除草剤で滅菌した土地で手荒な単一栽培をおこなえば、土壌から栄養分が失われ、それを補うために従来の肥料や堆肥より豊富な栄養を含む化学肥料を大量に与えることになる。そう、こんなふうに化学の坂を転げ落ちていくのだ。[17]

生存能力があるからこそ雑草なのだから、効果のある除草剤ができても生き延びる道を探っていることは驚くにあたらない。ノボロギクは1950年代後半以降、アトラジンとシマジンという除草剤で実際に抑制できていたが、やがて耐性を持ち始めた。除草剤への耐性が確認された初めての例だ。オーストラリアでは、ネズミムギが少なくとも9種の除草剤に耐性を示すようになった。パースにある西オーストラリア大学のスティーヴン・パウルスは次のように述べている。「除草剤への耐性は、人為的な選択圧［環境などが生物を淘汰しようとする圧力］に抗う驚くべき進化だ[18]」。植物が葉の形や表面のワックス層を突然変異させ［除草剤を浸透しにくくさせるため］、分子構造まで変えているのである。

植物のなかには、他の植物の生長を妨げるため、みずから天然の除草剤を生産するものもある。この「アレロパシー」（他感作用）物質は最近発見されたものではない。作物の近くでよく見られるネナシカズラはトマトが近くにあると寄っていく。トマトやコムギにはベータミルセンという揮散性化学物質（匂い物質）が含まれ、ネナシカズラを引きつけるが、トマトはほかにもふたつの化学物質を含んでおり、これらが合わさるとネナシカズラにとってはベータミルセン単体より魅力が増す。いっぽう、コムギはネナシカズラを退ける化学物質も持っている。[19] テオプラストスは紀元前300年頃、ヒヨコマメに抑制された雑草に言及した。大プリニウスも1世紀に、穀物を枯らしたヒヨコマメ、オオムギ、ビターベッチを記録している。[20]

タンポポ。枯れたように見えるが、化学薬品を噴射しても土中深くの直根には届かない。

雑草研究者は雑草から栽培したい作物を守るアレロパシーの利用法を調査している。通常、雑草は作物の苗が根づく前に生長して地面を奪うため、その生長を抑制する冬季被覆植物［葉や茎で土壌表面を覆って光や雨を遮り、除草効果をもたらす］を植えるのもひとつの手段だ。これは収穫期のマルチにもなる。また、アレロパシー物質を抽出して除草剤として利用することも可能で、すでにこうした合成除草剤が開発されている。

現代の農法はうっかり雑草の繁茂を促してしまいかねない。つまり、成長ホルモンを与えたウシの排泄物が肥溜めの雑草の生長を後押ししたり、のちに畑に肥やしを撒いたときに雑草の種子もいっしょに散布したりするからだ。火炎除草機やロータリー式除草トラクターは手作業よりはるかに効率がいいが、スピードが速すぎて植物の区別がしにくく、入念に除草しないとふたたび種子を撒き散らすことになりかねない。とはいえ、手作業なら正確に区別できるわけでもない。ピーター・ボーデンが指摘したとおり、除草作業は退屈な重労働で、広範囲の種蒔き同様、適当になったり、作物を踏みつけたり、道具を不注意に扱ったりすることもある。[21] 以前、私の祖父が憤慨していたことがあった。ボブ・ア・ジョブ週間［子供がわずかな小遣い（ボブは5ペンスの意、10円程度）で地元の手伝いをする期間］に、ボーイスカウトの子供たちを呼んで祖父の庭にはびこっているラズベリーの駆除を頼んだとき、几帳面にも先端だけをきれいに刈り取り、根はそのまま残しておいたのだ。

絨毯爆撃のような作戦に出なければ侵略的な雑草を駆除できない地形もあるが、こうした方法は貴重な動植物相を破壊しかねない。人里離れたハワイのカウアイ島は生物多様性の宝庫だ。地球上できわめて湿度が高い地域で、植物もハワイの固有種が220以上生息し、うち92種はカウアイ島にしか存在しない。カウアイ島は切り立った崖や深い渓谷でできている。ワイアレアレ山を囲む緑豊かなワイニハ平原には、「優雅なシダから樹木を覆うコケまで一連の植物がみごとに繁茂し、巨大なスポンジのように水を吸い上げている[22]」。在来種は野生ブタの攻撃を恐れているだけではない。ブタが去ったあと、掘り返された土壌を、ストロベリー・グアバ、キバナシュクシャ、オーストラリアヘゴ（木生シダ）が手あたり次第に覆い尽くしていくのだ。

木生シダは50年前に観賞用植物としてカウアイ島に持ち込まれたが、現在は風で運ばれた種子によって列島全体に広がっている。2004年、カウアイ島で、ハワイ自然保護団体のトラエ・メナードがスプレー銃でシダを駆除しようと試みた。この銃、通称スティンガーは丸薬サイズの除草剤を噴射できる道具で、ヘリコプターから眼下にちらばる敵の反乱軍を仕留めるかのようにシダに狙いを定める。現在の技術で精度はかなり高まっており、ヘリコプターの底面に搭載した少量のイマザピルを発射する。イマザピルは短期的に効果がある除草剤で、動物には影響がない。「私たちは3年以上をかけ、2000ヘクタールにわたる4000本のシダを駆除しましたが、除草剤はわずか40リットル余りしか使用していません[23]」

シダの生長を抑制するには、蔓延の状況をつねに把握しておかなければならない。現在は偵察機が島を撮影し、かなり細かなモザイク状の写真を記録できるため、シダの羽葉の羽片1枚でも正確に場所を把握することが可能だ。しかし、こうして尽力しているにもかかわらず、シダは回復しては新たな生息地を見つけるため、警戒をゆるめることはできない。

除草剤は幅広い雑草を枯らすことができるが、土壌を回復させるための肥料の量が激増してしまう。最近のロボット工学のおかげで必要な人手は減り、雑草のコントロールはますます選択的になっている。つまり、生物多様性に貢献している有益な雑草、あるいは、無害な雑草を、少なくとも理論上は守ることができる。ロボット工学は作物の栽培にどんどん取り入れられ、とくに果物やつる植物栽培に活用され、先進地域では季節労働者の必要性が減ってきている。穀物畑の除草作業を請け負ったとしても短時間に体を酷使するうえ、長期にわたる安定した収入は得られない。

無人で情け容赦ない軍用ドローンさながら、除草剤、火炎銃、レーザーを搭載したロボットは季節労働者の仕事を引き継いだ。かなり小さな機器なら、大型の鋤や収穫用コンバインより穀物へのダメージは少ないだろう。だが、支障のない雑草を守るという点では、化学薬品ですべての雑草を枯らす自動農業用ロボット「アグリボット」ではあまり改善が見込めない。

日本のつる性植物クズに覆われている見捨てられた納屋。アメリカの田舎町。

ドイツのオスナブリュック応用科学大学では、アルノ・ラクルシャウゼンが「ボニロブ」を開発中だ。この農作業ロボットは雑草の葉に、直接、少量の防虫剤をかけることができる。[24] 科学ジャーナリストのダンカン・グレアム・ロウによると、デンマーク製のロボットは作物に埋もれて生えている雑草の正確な位置を突き止めることができるため、除草剤の使用量を70パーセントも減らせたという。[25] ようするに、こうした選択的手段が取れれば、前述した在来種を守るカウアイ島のヘリコプター除草のように、不要な絨毯爆撃を避けることができる。また、ロボットは雑草の葉の形状を搭載カメラで認識するため、見ることも可能だ。作物にまじって生えている雑草の存在を、細かな色合いから感知する。このシステムを考案したのはデンマーク、オールボー大学のアンダース・ラ・クーア・ハーボーで、実験もおこなわれている。使用するカメラは「目的の雑草や作物の反応パターンと一致する光スペクトルを探知するよう調整してあり――たとえば、アザミは周囲のビートより黄色い光を吸収するため、そこだけ際立って写る」のだ[26]。

このカメラは顔認証システムのように、特定の植物の部位の正確な長さ、幅、対称性などを数値で認識する。チーレにあるデンマーク農業研究所のスヴェン・クリステンセンによると、葉の幅が広い雑草は比較的探知しやすいが、草タイプの雑草は区別しにくく、コンピュータ化したシステムに正確なデータを入力することが難しいらしい。休眠期を終えて発芽するさい日光に頼る雑草は、土壌を栽培に向けて耕すときに浴びる日光だけが頼りだ。日光を与えないためには、ロマンチックに、月の出ない夜、ロボットに植えつけをやらせればいい。ゲリラ戦さながら、トラクターのライトさえ消さなければならない。雑草が目を覚まして生長するには、「ふたたび土中に埋められる前に一瞬でも光を浴びれば十分」なのだ[27]。

1990年代後半以降、遺伝子組み換え作物が急増している。これは病気への耐性を付けるためだが、同時に旱魃《かんばつ》や除草剤への耐性も増しているため、化学薬品を数週間与えても作物には影響がない。慎重に進めてきた遺伝子組み換え技術は、実際のところ野生生物全体に役立っているのか疑問視されているが、いっぽうで雑草と考えられる植物を根絶する誘惑はいまも消えていない。一部の雑草は遺伝子組み換え作物と交雑することで除草剤の攻撃をかわし、耐性を身につけている。たとえば、アメリカの野生のヒマワリは、種子をかじる蛾の幼虫に耐性を付けた栽培種のヒマワリと交雑し、種子の生産率が50パーセントも上がっているのだ[28]。解決策のひとつは、遺伝子組み換え作物の生殖力を、物議をかもしている「ターミネーター・テクノロジー」［遺伝子操作によって次世代の種子の発芽を止める技術」によってなくすことだ。これにより近縁の雑草と異花受粉できなくなるが、長い目で見ればいうまでもなく作物の未来を脅かしている。ほかにも、オオムギ、コムギ、アブラナを荒らすノダイコンなどの雑草に、受粉阻止剤を噴霧するという除草法がある。

もうひとつ、ガン研究の発展から例をあげてみよう。オーストラリアやヨーロッパ全域に広がるネズミムギとスズメノテッポウは多くの強力な除草剤に耐性を備えた遺伝子を持っている。カナダ、ヨーク大学のロバート・エドワーズは、この免疫性を一部の動物や人間の腫瘍にガン治療薬が効かない事例と重ね合わせた。エドワーズがシロイヌナズナに前述の遺伝子を組み入れたところ、同じように耐性が付いた。しかし、彼がさらに人間のガン治療を適用し、患者の腫瘍に備わった薬剤耐性を攻撃する薬をシロイヌナズナに与えたところ、ふたたび耐性が低下したのだ。[29]これまでのところ、この薬は畑で使うには毒性が強すぎるが、スーパー雑草を病気としてとらえる発想は植物管理の未来を示唆している。

雑草と命を脅かす病気の比較は、「猛烈なスピードで蔓延するつる植物」、あるいは、「アメリカ南部を食い尽くしたつる植物」とされる日本のクズなどに対して過剰な反応を呼び起こしている。日本原産で、中国で数千年にわたり薬草治療に使われてきたクズは、1876年のフィラデルフィア万国博覧会のときに初めてアメリカに持ち込まれた。農民たちは、耐寒性があり、生長が速く、土壌侵食を防ぎ、飼料にもなるつる植物としてクズの栽培をすすめられた。すると、1日に30センチも伸び、1年に6万ヘクタールの割合で広がっていった。また、近年では日本のイタドリが、ヨーロッパできわめて恐ろしい侵略種とされる雑草に名を連ねた。一因は、根絶がほぼ不可能という特徴にある。生活圏で繁茂すると住宅資産を脅かし、ついには抵当権さえつかなくなるかもしれない。東アジアで育つ派生種も、無慈悲な警戒すべき外来種というイメージを植えつけた。クズもイタドリも、どこからともなくやってきて、頼れる治療法のないガンに似ている。

雑草が再生する方法は、見てきたとおり、生き残りに重要なポイントだ。有性生殖は交配相手を探して配偶子を形成するなどのコストが大きいが、自身のクローンを作れるなら生命維持のエネルギーを温存できる。おまけに有性生殖をすることもあるため、存続を可能にする新しい組み合わせの遺伝子を生み出せる。どんな環境に置かれても適応できるハイブリッドだ。生息可能な場所ならどこであれ飛んでいける能力も欠かせない。小さくて、丸っこくて、4本の手足があって、自分の背丈の200倍も飛べるものって、なーんだ？　答えはスギナの微小な胞子だ。突然、乾燥した環境に置かれても、驚くほど敏捷に飛散する。フランスのグルノーブルにあるジョセフ・フーリエ大学のフィリップ・マーモッタンが説明したとおり、「もし1回で目的地まで飛べなかったら、もういちど飛ぶ[30]」。それでもだめなら、また飛ぶのだ。

荒れ地や牧草地では、侵略してきた雑草を完全に除去したあとでさえ在来種が元の状態に戻るまで何年もかかる。生長を抑制するのは土中に残っている除草剤だけではない。雑草はたとえいったん駆除して枯れたとしても、硬い塊茎が残っていたら、死んだ繊維質の束が、あとから蒔いた種子の発根を阻害するのだ。

第5章　役に立つ雑草

雑草は私たちにとってかなり役に立つこともある。雑草が役に立つと考えるなら、薬草と雑草のはっきりした区別はなくなり、無用で、ともすれば見下されていた植物が価値あるものに見えてきて、雑草の地位は回復する。奇妙にも、数千年も前から人間の日々の不満はいまと変わらずささいな体調不良で、発疹、吹き出もの、咳、くしゃみ、消化不良、便秘、下痢、性機能障害などがあげられる。そして、どれも治療や緩和に植物から作った薬を頼りにしているのだ。現在の医薬品と同じように、投与する場合、用法をまちがえるとたちまち毒になる。当初、ワルファリンは殺鼠剤として開発されたが、適量で投与すれば人間の血栓症に効くことが判明した。ツタウルシの毒は数え切れない被害者を出したが、早くも17世紀にはウィルス性皮膚疾患を患っていた若いフランス人を救い、また、関節炎の症状を和らげたといわれている。

神農《しんのう》が書いた『本草経《ほんぞうきょう》』にはさまざまな植物やハーブから作る中国の医薬が多数載っている。クズ、アサ、ヘンルーダ、メハジキ、トウダイグサ、ミントなどはハチミツと混ぜて錠剤にするか、

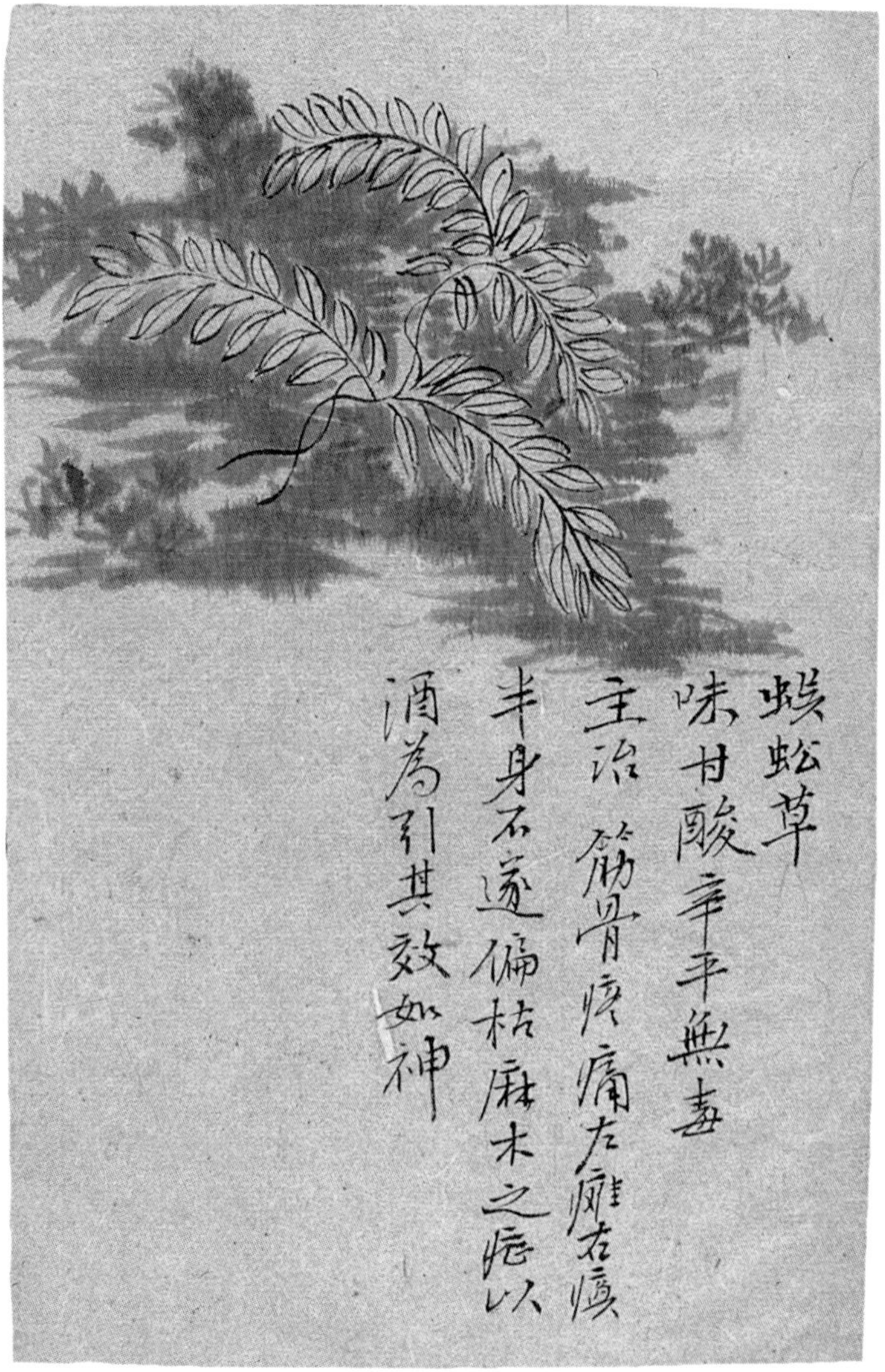
蜈蚣草
味甘酸辛平無毒
主治　筋骨疼痛左癱右瘓
半身不遂偏枯麻木之症以
酒為引其效如神

蜈蚣草《ゴコウソウ》（ノコギリソウ）。『図説 雲南省滇南の本草書』より。蘭茂編纂。14～15世紀。明朝時代に雲南で薬草として使用されていた植物の記録。

ヒレハリソウ。傷の治療に使われていた古代の薬草。

通常はヒト、動物、ミネラルの抽出物と合わせ、煎じ薬にして服用し、体内の二大要素、陰と陽のバランスを整える。たとえば、イカリソウの葉は、関節痛、血液疾患、ウィルス性感染症に功を奏し、HIV（エイズ）の症状の緩和、男性のEDや女性の更年期障害にも使われている。

湿布剤、点滴薬、煎じ薬にまつわる古代の知恵は、現在の医薬の原点だ。ブラックベリーの根は下痢に、オオバコのエキスは痔に効く薬だった。ネギ、ニンニク、ハコベは消毒液の役目を果たす。ヒレハリソウ、カッコウチョロギ、ヒナギクは古代では傷につける薬草で、ヒナギクは「ワウンドウォート（傷の草）」として知られていた。偉大なケルトの戦士クーフーリンは荒い気性を抑えるため、つねにセイヨウナツユキソウを持ち歩いていたといわれている――実際、19世紀末にはドイツの製薬会社バイエルがアスピリンを製造するためにセイヨウナツユキソウとヤナギの樹皮を使っていた。アスピリンという名称

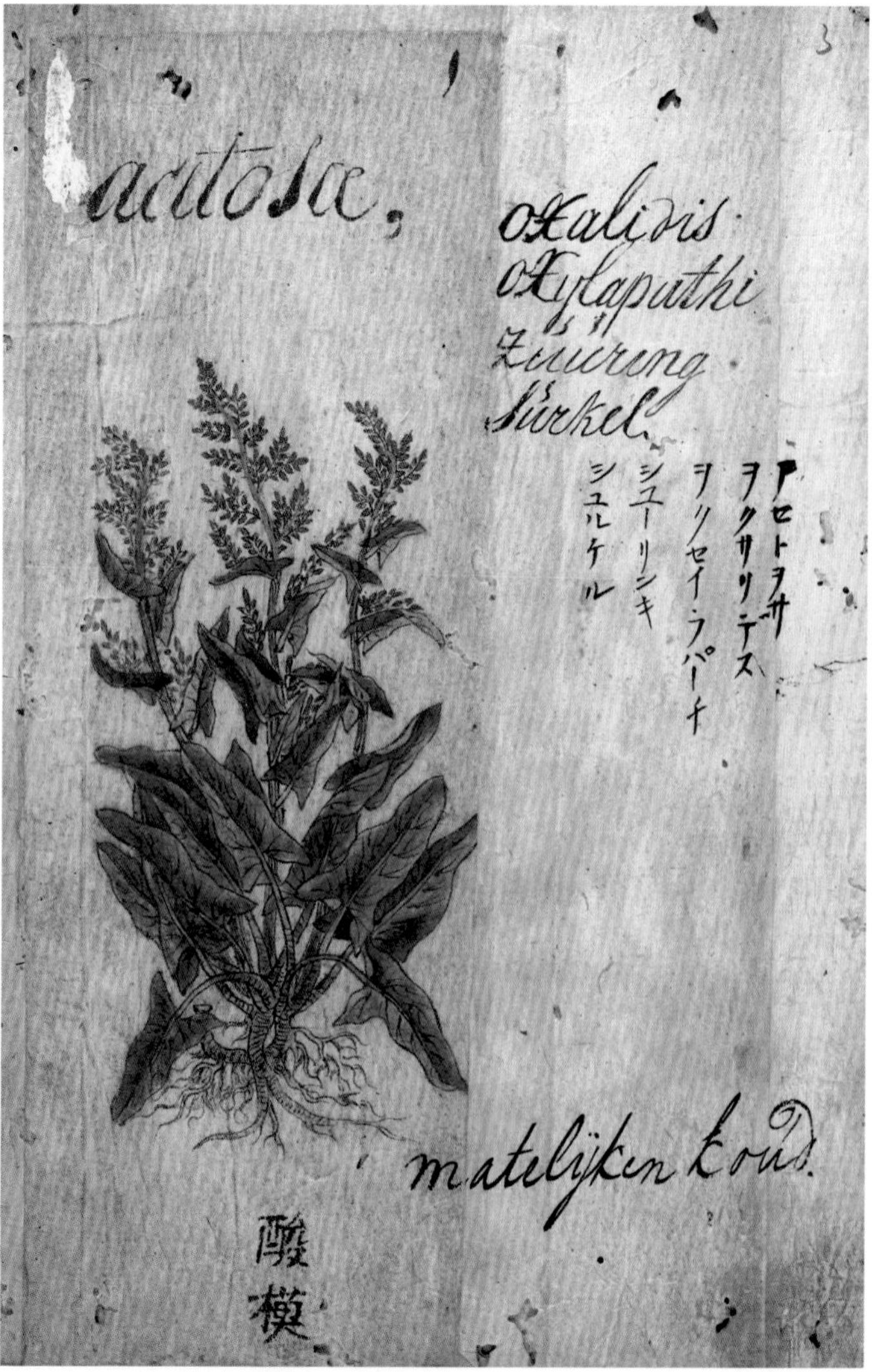

『ドドネウスの草木誌抜粋 *Kruid Boek getrokken uyt Dodoneaus*』の1ページ。名称が古オランダ語、中国語、日本語、ラテン語で書かれている。レンベルトゥス・ドドネウスは16世紀の医師、植物学者。

治療用の薬草は修道院の庭で栽培された。

はセイヨウナツユキソウの初期の学名「スピラエア・ウルマリア（*Spiraea ulmaria*）」が由来だ。

初の薬草教本であるディオスコリデスの『薬物誌』は、エジプト人とギリシア人の知識を引用し、雑草をもとにしたさまざまな治療薬や緩和剤を紹介している。アングロサクソンの本草書には、超自然の生き物が人間に矢を放って痛みを与える「妖精の一撃《エルフショット》」と、この空飛ぶ悪者から身を守るための植物エキスが載っている。ヨーロッパの本草学はイスラムの薬や、とくにアヴィケンナの『医学典範 *Canon of Medicine*』（1025年）、さらにはのちにアメリカから入ってきた新たな植物に影響を受けた。

中世では賢明な女性、修道士や修道女が植物療法を導入し、彼らの薬草園から侵略種が広まっていった。おそらく当初は貴重な薬草として外国から持ち込み、その種子が薬草園や修道院の壁から外に出ていったのだろう。

12世紀前半、ドイツの修道女ビンゲンのヒルデガルトは、体液のバランスというギリシアの理論と自身の目による観察にもとづいて本草書『病因と治療 *Causes and Cures*』を書いた。すすめているのはヨモギギクだ。たとえば、

ヨモギギク（タンジー）は苦くていささか湿性で、体液が過剰に流れる症状全般に効く。カタル［粘膜細胞が炎症を起こして多量の粘液を分泌する症状。鼻水、涙など］に苦しむ者、咳が出る者にはヨモギギクを口にさせる。体液が流れ過ぎぬよう抑えてくれるため、症状が鎮まる。[1]

ヨモギギクは、8世紀にフランク王国のシャルルマーニュ（カール大帝）が奨励した各地の薬草園やスイスのザンクト・ガレンにあるベネディクト会修道院で栽培されていた記録が残っている。キリスト教徒は、イスラエル人が食べていた苦い薬草ニガヨモギを思い出す聖品として、四旬節［キリスト教会暦で復活祭の前日までの日曜日を除く40日間。キリストの受難を記念して精進をおこなう］にヨモギギクを食べるようすすめられていたが、じつは、実際の効果もあった。というのも、魚やマメ類を食べる四旬節の食事で腹部にガスがたまる鼓腸を軽減すると信じられていたのだ。小枝を窓辺に置いておけばハエを寄せつけず、ベッドにしのばせればトコジラミを追い払うとも考えられていた。一般的な防虫剤は、ムカシヨモギ、メグサハッカ、ラムソン、ヨモギギクから作られた。

ヨモギギクの葉は蚊を引き寄せるのにもかかわらず、靴のなかに入れておくとマラリアを防ぐとされた。そのため、こんにちもヨモギギクは畑の有機栽培でコンパニオンプランツ［育てたい野菜

や花にいい影響を与える植物」として植えられている。同じように、ルリジサはイチゴの風味をよくし、また、ミント同様、自分にアブラムシを引きつけてキャベツを守る。中世ではヨモギギクは妊娠を促すために使われ、大量に服用すれば堕胎薬となった。ヨモギギクから採った油は外用薬としては皮膚炎に効き、内服薬としては寄生虫を駆除した。

いっぽう、雑草には作物の風味に悪影響をおよぼすものもある。有名なのはヘンルーダで、シェイクスピアは『リチャード二世』の第3幕第4場で「『恵み草』とも呼ばれる悲しみの花」と表現している。それでもヘンルーダは万能薬であり、目や耳の不調、ヒステリー発作、頭痛、発熱に効く。イギリスの植物学者、医師のニコラス・カルペパー（1616～54年）によれば、ヘンルーダは坐骨神経痛、関節痛に効き、現在も家じゅうのノミを追い払い、家禽のウィルス感染やウシの病気を予防するようだ。ヒポクラテスはこの苦い薬草を解毒剤としてすすめた。中世ヨーロッパでは、魔女の罠から守ってくれるほか、千里眼の能力も与えてくれると考えられていた。[2] ただし、野菜の近くで栽培したら後悔するだろう。セージは毒を持つようになり、キャベツは味が落ち、元気に育たなくなるらしい。

チェルシー薬草園や1600年代のカルペパーの記録によると、イラクサにもヨモギギクのように多くの用途がある。子供の体内から寄生虫を除去し、鼓腸をやわらげ、血液疾患を治癒する。イラクサに含まれる鉄や微量の銅は貧血に効くこともわかっている。イラクサにトゲがあるのは、憂鬱から気をそらし、なにか別のことを考えさせるためらしい。乾燥させた葉は抗ヒスタミン剤「イラクサの成分ケルセチンの作用」となり、花粉症の症状を緩和する。逆に、ヒスタミンを含んでいる

ウィリアム・ブラッドベリー（1800～1869年）によるイラクサのネイチャープリント。プリント表面に実物の標本を用い、まさに本物と見まちがえるような作品となっている。

ため、茎で患部を叩くと関節炎の症状が軽減する。古代ローマ人は地元のイラクサの種子をイギリス諸島に持ち込んで育て、イギリスの厳しい冬を生き延びた。「イラクサで何度も腕や脚をこすって温めた。祖国からくる前、イギリスはとても寒いから、摩擦熱で血液を温めないと耐えれらないと教えてもらったのだ[3]」

イラクサを採集する者は勇気が必要だった。

そっとつかんでイラクサをなでる
すると、トゲが刺さって痛む
たくましい男になったかのように握る
すると、絹のようになじむ[4]

これまでずっと雑草は毒をもたらしてきた。ドクムギのような畑の雑草は、吐き気、視覚障害、耳鳴りを誘発する。ベラドンナや野生のルバーブの葉はホウレンソウと見まちがいやすく、どちらも命を落としかねない。ジョン・イーヴリンは『アーケータリア：サラダの話 *Acetaria : A Discourse of Sallets*』（1699年）で雑草の毒がおよぼす影響にも触れた。また、薬草を使ったさまざまな療法も紹介し、薬草の多様な特性をバランスよく組み合わせることが重要だと強調している。

（バジリスク［息や眼光で人を殺したといわれる伝説上の生き物］のように）見るだけで、ある

野生の森に生えるベラドンナ。

万能薬のトレーディングカード。1880年頃。

いは、触れたら、命を落としたり病気に感染したりする植物があるという。

「古代から薬草には「冷・熱・乾・湿」の性質があるとされている」「冷」で適度に爽やかな薬草は、喉の渇きを癒し、血液の温度を下げ、めまいなどを改善する。「熱・乾」で香りがよく、脳をすっきりさせる薬草は、「冷・湿」の薬草を取り入れると効能が高まる。苦みがあり胃に優しい薬草は、やや酸味のあるクセのない薬草と合わせる。ピリッと刺激がある薬草は、鼓腸を抑え（精力を取り戻し、調剤を補助する）、痛みを軽減して強い不快感や不調を緩和する。味が薄く、香りがない薬草は、辛みのあるすっきりした薬草と調合して有効性を高める。収斂《しゅうれん》および凝固作用がある薬草は軟便や下痢に用いる。生長が遅く、まだ若くて勢いのない薬草は、消化を促進する薬草と合わせるとバランスがよくなる。肺や腸に効く薬もある。[5]

デンマークのコペンハーゲン大学で初の医学部教授となったクリスチャン・トーケルスン・モーシン（１４８５～１５６０年）

「薬草と調合薬」。4人の薬剤師が働いている。エドワード・ホプリーの時事漫画「薬箱」(1838年) より。

コゴメグサとヒナギクのスケッチ。コゴメグサは目の不調にすすめられている。

は、人間の苦悩を緩和する植物の研究を聖職者の視点でとらえた。「これは、人間の利益になるよう、神が地球で育つことを許した薬草や治癒効果がある植物の研究である」[6]

フランドル〔現在のベルギーとフランス北部にまたがる地方〕の医師ヤン・バプティスト・ファン・ヘルモントは、神は地球に人間が治療に必要なものすべてを与え、また、モーシン同様、人間は与えられたものを使う義務があると信じていた。薬草は強制的な瀉血や瀉下〔治療目的で血を抜いたり下痢させたりすること〕とは異なり、調合薬の材料として知られていた。古代エジプト、中国、インド、ヨーロッパの本草書には水薬や強壮剤として使う植物のイラストや解説がふんだんに載っている。そのほとんどは、現在、雑草に分類されている植物だ。たとえば、『憂鬱の分析 *The Anatomy of Melancholy*』（第3版、1628年）には、イラクサ同様、ルリジサとヘレボルスは「鬱病患者の血液の質改善に特効性がある」と記されている。[7]

処方の方針はディオスコリデスの見解をもとに、スイスの医師兼植物学者パラケルスス（1493～1541年）が打ち出した。「自然は各植物の生長を……その薬効によって特化している」。1621年にはドイツの神秘家ヤーコプ・ベーメが『万物の誕生と徴《しるし》について *The Signature of All Things*』を出版し、イギリスの植物学者ウィリアム・コールズははっきりとこの特質の理論を「天地創造」の信念と結びつけた。「慈悲深き神は……人間のために薬草を作ってくださり……そして、それぞれに特別な徴をお与えになった」

人間の身体部位に似ている植物は、その部位の病気を治すといわれていた。コゴメグサ（英名eyebright、目の輝き）は目の病気に効いたらしい［花が充血した目に似ている］。コゴメグサはディオスコリデス自身も、さらにプリニウスも、ガレノスも、イスラムの医師たちも、薬としては言及していないが、1329年、イタリアのマントヴァでは目の不調にすすめられ、[8] 17世紀には、精神を強化し、記憶力を向上させると考えられていた。カルペパーはコゴメグサを使った処方も残している。

視力改善の特効水薬

ウイキョウ、コゴメグサ、バラ、ヒメリュウキンカ、ヴァーベナ、ヘンルーダを各少量と、ヤギの肝臓を細かく刻んだものをコゴメグサのエキスに浸け、蒸留器で蒸留する。この水薬を飲めば、驚くほど視力が改善する。

ミルトンは『失楽園』〔平井正穂訳／岩波書店／1981年〕でこの治療を取り入れている。大天使ミカエルが、エデンの園を追放されたアダムにコゴメグサ（学名 *euphrasia*）を与え、原罪を犯したあとの厳しい現実に目を向けさせる。

……もっと気高い光景を見せようと、ミカエルは
アダムの眼から薄い膜を取り除いてやった。
そのあとこごめぐさといいきょうで彼の眼の神経を浄《きよ》め……
まだ見なければならない多くのものが残っていたからだ。

こんにち、「ある症状を引き起こす物質はその症状を持つ病気の治療に効果がある」という概念がホメオパシー（同質療法）の中心となっている。1832年、創始者ザムエル・ハーネマンがドイツのライプツィヒにできた初のホメオパシー病院でこの「類似の法則」を説いた。

植物を調合して水薬や湿布剤を作るのは、通常、聡明な女性の仕事だった。西洋では中世後期以降、裕福層だけでなく庶民も医師や薬剤師に診てもらえるようになる前から、女性が病人やけが人を介抱し、助産婦の役目も務めていた。彼女たちは地元の情報に頼り、読み書きができる場合は、少ないながら入手できる本草書を参考にした。そのひとつがウィリアム・ターナーの『新本草書 *A Newe Herball*』（1568年）で、かなりガレノス（130～201年）の影響を受けている文献だった。健康の原点は4つの体液――血液、粘液、黒胆汁、黄胆汁――のバランスだと信じられていた

［四体液説］。ガレノスいわく、病んだ心身のバランスを取り戻すには他の治療も取り入れながら発汗や瀉下を施すが、どちらも薬草が奏功する。

16世紀のグレース・マイルドメイ夫人のようなキリスト教徒にとって、自然は原罪を犯していないため、植物とその属性は人間の助けになり、「罪を犯してから頭につきまとっている」苦悩を癒すか軽減してくれる。[9] マイルドメイはイギリスのノーサンプトンシャーの屋敷で貧民の世話をし、症状や考えうる原因を注意深く観察し、さまざまな処方薬の効果を記録した。多種類の強壮剤やシロップ、香油、精油、アルコールに漬け込んだチンキ剤を生成した。アヘンを蒸留し、当時は貴重だったアヘンチンキを作り、さらに、ヒヨスを採集してエールに浸け、アルカロイド・スコポラミン（別名、悪魔の息）を作った。スコポラミンには中毒性があり、麻酔の効果もあるため、現在、南アメリカで強盗やレイプ犯罪を誘発する元凶だと噂されている。伝説によると、ヒヨスは魔女が飲む酒の原料で、ほうきに乗って飛ぶ力を（少なくとも、ほうきで飛んでいるイメージを人間に）与えている。マイルドメイは、てんかん、天然痘、鬱、記憶喪失など、どんな症状の患者であれ薬を調合した。

マイルドメイは台所を実験室にしてさまざまな処方薬を作った。当時、入手できるすべての情報を集め、なかにはパラケルススの見解もあった。ガレノスとは対照的に、パラケルススもミネラル療法や毒物の慎重な使用法を提唱し、次のように主張していた。「万物は毒であり、毒素のないものは存在しない。用量さえ守れば毒にはならない」

『女王の喜び *A Queen's Delight*』（1671年）には、トロイのヘレネーが名の由来となったオオグ

la médecine
populaire
Exposition
27 mars - 17 mai 1981
Tous les jours (y compris
les dimanches et jours fériés)
de 10 à 18 h
Entrée libre

民間療法をテーマに開催されたベルギーでの展示会のポスター。負傷した女性が薬を求めている。下部に添えられているのは考えられる処方薬草。

売り物を展示している薬草商人。グリグリという薬袋を首からかけ、細長い布切れにコケの生えた小枝を結んで腰に巻きつけている。前方の石縁に載っているのは鉢植えのシダと乾燥させた葉。アメリカ、ルイジアナ州あるいはサウス・カロライナ州。1929～31年。

ルマ（学名 *Inula helenium*）の根から作る、咳と肺病に効くシロップの処方が載っている。[10] いいつたえによると、オオグルマはこのスパルタ王妃が涙を落とした場所から生えてきたらしい。プリニウスはオオグルマは薬であり、ケルト人がエルフウォート（妖精草）と呼んで崇めていたと記している。イギリスの薬草学者ジョン・ジェラードはオオグルマを息切れに処方している。また、薬草リキュール、アブサンの製造に利用され、現在の代替療法では去痰薬であり、むくみをとったり、月経を促したりする。

砂糖漬けにしたスミレの美徳（つまり、効能）も幅広い。「痼癪を抑え、喉の渇きをいやし、腹痛をおさえ、喉の痛み、ひどい痰、乾きをやわらげ、精神を落ち着かせる[11]」

昔の薬草の利用法を参照するさいには多くの問題点がある。そのひとつは、どの植物をさしているのか正確に判断できない点だ。たとえば、『女王の喜び』では、ゼラニウム（fine alum）から作る見えないインクの作り方が載っている。書いたあと、水を流しかけると文字が浮き出てくるのだ。これが現在の野生ゼラニウム（wild alum）と同じものなのか断定はできない。さらに困ったことに、リンネはゼラニウムとペラルゴニウムを混同している。ゼラニウムの根は収れん化粧水によく使われる原料だ。最近では、ペラルゴニウム・シドイデス（Pelargonium sidoides）として知られる南アフリカのゼラニウム、通称ウンカロアボがカゼやインフルエンザ、さらには急性気管支炎の治療に使われている。また、エイズウィルスに対する抗HIV-I薬の新薬になる可能性も研究中だ。[12] ただし、現在のゼラニウムが17世紀の本草書に載っている植物と同じかどうかはいまだわかっていない。同様に、テオプラストスがすすめた「万能薬」という名の植物は、現在のウツボグサ（学名

Prunella vulgaris）なのか、イヌゴマ属（学名 *Stachys*）なのか（どちらもシソ科）、それともカノコソウなのか？　どれも香りが強く、彼はこの万能薬を、開拓時代のアメリカ西部でヘビのお守りを売る商人のように熱く売り込んでいる。

実《み》は流産のほか捻挫などのケガにも用いられる。また、耳にも効き、発声も強化する。根は分娩時に使い、女性の病気、ウシやウマなどの鼓腸にも利用する。香りが豊かなのでアヤメに似た香油も抽出できる。[13]

イワミツバはオーストラレイシアと北アメリカできわめて扱いづらい雑草のひとつで、同地では侵略種に認定され、駆除の対象となった。冬には姿を消したように見えるが、地下では根や根茎をびっしりと伸ばしている。もう問題ないと思った矢先、ふたたび生えてきて、繁茂期にはどんな土壌だろうと環境だろうと、菜園でも、花壇でも、芝生にさえ侵入し、他の草を枯らして草刈り人に抵抗する。しかし、薬の特性も備えているため中世の修道士にとっては貴重だった。それゆえ、聖ジェラールから名を取ったハーブ・ジェラールという通称がある。聖ジェラールはイワミツバを痛風の薬として修道士に贈ったらしい。ヨモギギク同様、イワミツバは特効性のある治療薬と考えられており、ラテン名「ポダグラリア（podagraria）」は足の痛風を意味する。

痛風の痛みや不調がある箇所にイワミツバの根を貼りつけると、症状をやわらげ、腫れや炎症

ホメオパシー用チェストにガラス製バイアルと大きめの瓶が入っていて、瓶のひとつに「Urtica urens」（ヒメイラクサ）と記されている。火傷や皮膚炎に用いる水薬だ。イギリス、ノーサンプトン。19世紀。

を鎮めてくれる。そのため、ドイツ人はポドグラヴィア（podgravia）と名づけた。痛風を治す効果があるからだ。[14]

イワミツバは利尿剤や鎮静剤としても使われたようだ。内服薬としては関節炎を緩和し、外用薬としては坐骨神経痛に用い、葉と根を煮詰めて温かいうちに皮膚に貼った。しかし、こうして使用しても蔓延を防ぐことはできなかった。これは中世も現在も変わらないようだ。

ハーブ・ジェラールは種を蒔いたり植えたりしなくても勝手に庭に生えてくる。旺盛に伸びるため、いったん根を張ったら最後、根絶は難しい。毎年、容赦なくはびこり、貴重な薬草を悩ませている。[15]

イワミツバの別名はブタクサだ［英名のブタクサ（pigweed）は複数の植物の通称になっている］。ブタにとってごちそうであり、役に立つ薬でもあるからだ。アングロサクソンの医学書『治療*Lacnunga*』にはこう記されている。「ブタを不慮の死から守るには、ルピナスやイワミツバなどを使う。ブタを囲いに追い込み、4辺と扉の上にこれらを生やすといい[16]」

中世初期のアラビア人医師たちはタンポポの薬効を認めていた。古代エジプトの墓に記録され、テオプラストスも書き残している。利尿作用は英名ピスアベッドやフランス名ピッサンリ［どちらもおねしょの意］からもうかがえる。肝臓、腎臓、胆嚢のほか、糖尿病の治療にもすすめられている。

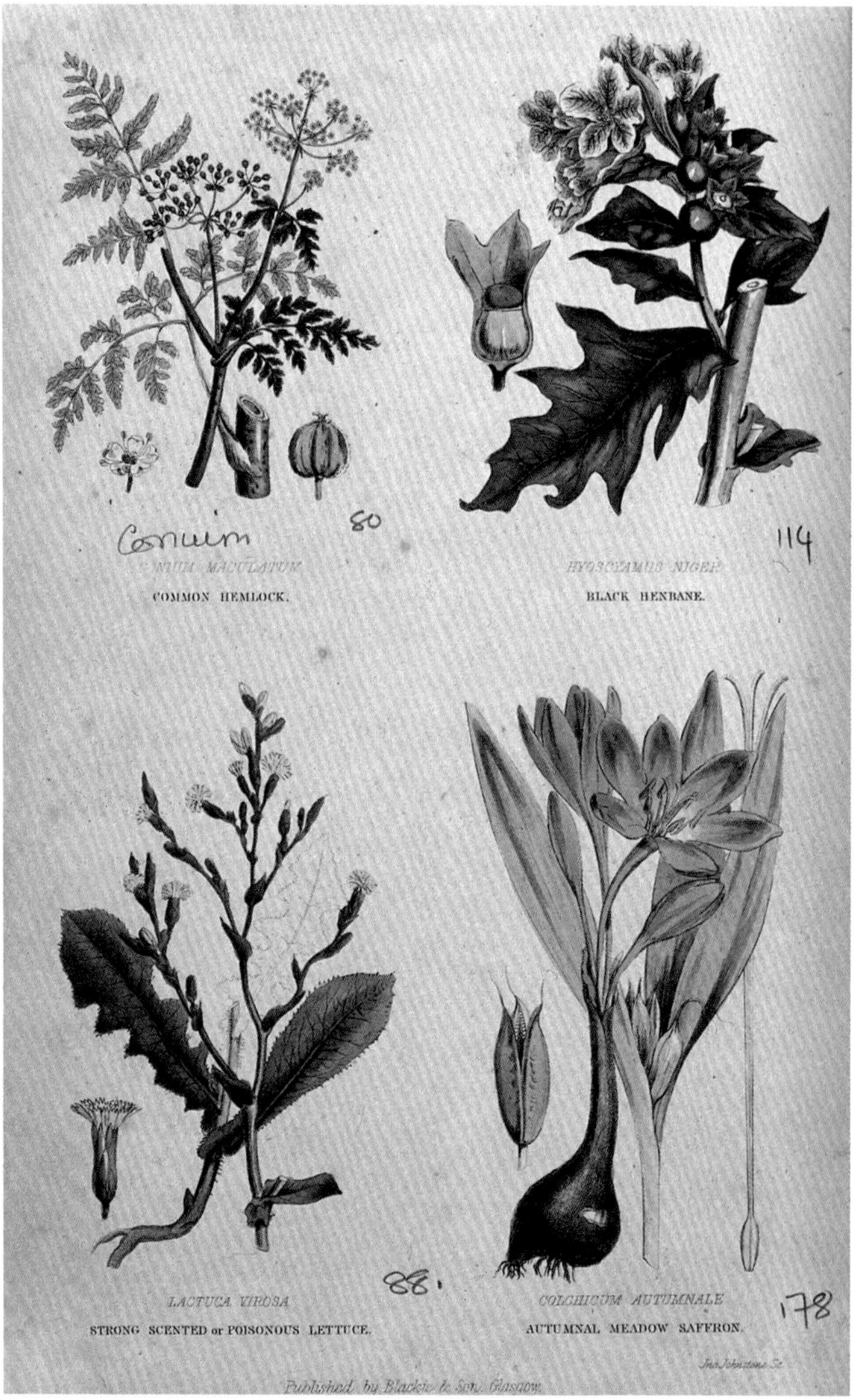

有毒な植物4種。ドクニンジン、ヒヨス、ワイルドレタス、イヌサフラン。ジョナサン・ジョンストンによる木版画の複製に彩色を施した作品。

ケシのつぼみを刈っているところ。1674年。

インドでは昔からヘビにかまれたときに使用し、茎を切ったときににじみ出てくる白い液は、腫れものやいぼの表面、さらには見た目の悪いあざ、ほくろ、そばかす、しみに塗るといいらしい。

ノコギリソウも薬効のある有用な万能薬だといわれている。ホメロスの『イリアス』（紀元前750年）に出てくるアキレスは同志の傷にその葉をあてがった。ディオスコリデスがすすめ、ローマ人や十字軍戦士は軍事用の薬草、「騎士の千の葉」［葉の縁にノコギリのような細かい切れ込みがたくさんある］と呼んでいた。痔を治し、鼻血を止め、頭痛をやわらげ、不要な欲望を抑えた。ほかにも効能はあり、

> 秘部の膨張を抑える。軽く叩いたノコギリソウの葉をブタの脂と混ぜ、温めて局部に貼る。[17]

スキンケアや化粧品の部門では、植物由来のク

リームや香りがごまんとある。肌艶をよくして開いた毛穴を閉じるローションから、発疹、しみ、ニキビ、吹き出ものを治すものまで幅広い。イギリスの薬草学者ジョン・パーキンソン（１５６９～１６５０年）は、「顔色の悪い人」にはイワミツバにクミンシードを混ぜて与えると記している。ハコベのエキスは湿布にすると目の痛みをやわらげ、温めて使えば、腫れもの、吹き出もの、膿の治療に功を奏する。また、ラードで煮ると軟膏になり、虫刺されに効く。パーキンソンによれば、イラクサの葉を水に浸けて髪に吹きかければ艶が出て、フケ対策のローションにもなり、水虫や真菌類への感染も防いでくれる。髪や足にかけたあとは、アブラムシ駆除スプレーとしても使える。ヒナギクなどは芝生で嫌われるだろうが、薬草学者は筋肉痛の治療に利用する。ベラドンナは実から取れるアトロピン（有毒アルカロイド）が中毒を引き起こす。ここで思い出されるのが、中毒の徴候を見分けるために医学生が覚える暗記文だ。「野ウサギのように興奮し、コウモリのように目が見えず、骨のように乾き、ビーツのように赤く、帽子屋のように気が変になる」[18]［エイミー・スチュワート『邪悪な植物』］［最後のたとえは、帽子屋が神経中毒を引き起こす水銀につけた生地を扱っていたため］。しかし、この恐ろしい症状は名の由来と矛盾している。じつは、イタリアの女性たちはこの植物のエキスを使って瞳孔を開き、キラキラ輝く瞳を手に入れて美しさに磨きをかけていたのだ。そう、美女《ベラドンナ》になるために。

　雑草は人間を殺したり障害を負わせたりできる威力を持つ、という評判を聞けば、やはり他の植物とは別物だと考えるだろう。一見、無害に見える植物がドクニンジンのように猛毒を持っていることもある。ドクニンジンは紀元前５００年から薬や毒として使われ、ソクラテスの命を奪ったと

Nur Keine Furcht
Portrait einer Cholera_Präservativ.Frau
von M. G. Saphir
Portrait of a Cholera-Preventive Woman, German, c. 1832 (no. 15)

伝染病を防ぐために突飛な対策をした女性。コレラ菌に感染しないよう、たくさんあるポケットに薬草を詰め込み、籠には水薬をいくつも入れてある。ペーター・カール・ガイスラーによる19世紀の版画。

いわれている。外見をごまかすのがうまく、葉は無害なニンジンと似ていて、艶のある黒い種子はアニシードと見分けがつかず、根は健康によいパースニップにそっくりだ。ドクゼリと同じく中空になっている茎には「ソクラテスの血」と呼ばれる赤黒い斑点が付いていて、子供がおもちゃの笛やマメ鉄砲にして遊ぶと中毒を起こす。

現代の薬学でも薬草は薬として利用され続けている。チャボタイゲキ、別名ミルクウィードはヨーロッパ、ニュージーランド、オーストラリアに自生し、北アフリカ、西アジアでもよく見られ、皮膚ガンの一部、とくに基底細胞ガン［皮膚上皮から発生するガン］に効くことがわかっている。耕作地でもかなり広い範囲で栽培されており、キャンサーウィード（ガン草）という通称が長く使われてきた理由もうなずける。

ジョン・クレアは野草の地方名を多く記録した。たとえば、ウォーターベトニーは「別名ゴマノハグサといい……ジプシーから難聴の治療や改善に効くと称賛された植物で……ウツボグサ、通称『自己治癒草』は傷を治し、タチキジムシロ、別名密生ハリエニシダは発熱やヘビにかまれたときに効く」[19]。ウツボグサは小さな青い花を付け、芝生でよく見かける。ジョン・ジェラードが「傷用としてこの世にこれ以上の薬草はない」と絶賛した雑草だ。17世紀、カルペパーは「ケガをしても自分で治せる」と断言した。タチキジムシロはアメリカでは下痢用の薬で、根から取れる赤い染料はいまも革を染めるために使われている。ドイツのバイエルン州とシュワルツワルト（黒い森）では、砕いた根がブルートヴルツという酒の主原料になっている。

アメリカ海兵隊は、一般の医薬品が入手できない場合のサバイバル術を訓練している。教本では、

「蕁麻疹《じんましん》」。トゲのあるイラクサが引き起こす不快な症状。エドワード・ホプリーの時事漫画「薬箱」(1838年)より。[イラクサの別名は蕁麻で蕁麻疹の由来となった]

例をあげると、よく見かける海藻をビタミンCや主要ミネラルの供給源として推奨している。ゴボウの根やミントから作るお茶はカゼの症状や喉の痛みをやわらげる。タンポポやローズヒップを煮出せば便秘を解消する。ノコギリソウ同様、オオバコのエキスは痔を治し、傷からの出血を止める。こうした手引書にある、ドキッとするような総括的アドバイスは非常に重要だ。「少しずつ試し……様子を見ること」。

ジョン・ジェラードによると、16世紀、ケントで屋外作業をする人たちは、翌日の天気を予測するバロメーターとしてルリハコベの花を頼りにしていた。この花は陽射しがあるときだけ花びらを開き、寒さや雨を察知すると閉じる。ジョン・クレアの『羊飼いの暦』[『新選ジョン・クレア詩集』収録/森松健介編訳/音羽書房鶴見書店/2014年]には、「草刈り人が雨を見たり雨の話をしたりすると」つぼむ花が出てくる。小さなハコベの

538 DIOSCORIDIS

Mylkfoile or yarowe — Millefolium. — Digitalis. ffox glove. — Primula ueris. Prymerose

folijs auicularum pennas imitā-
tibus, breui admodū diſſectoq;
foliorū exortu. folia ſylueſtre
cuminum ſimulant, præſertim
breuitate atq; ſcabritia, breuio-
ra paulò, denſiore umbella, &
pleniore. Surculos in cacumine
gerit exiguos, & capitula in mo
dū anethi: flores paruos, candi-
dos. Naſcitur in aſperis agris,
præcipuè circa ſemitas. Eximij
uſus ad ulcera uetera, recētiaq;,
profluentē ſanguinē, & fiſtulas.

NOMINA ET EXPLICAT.

Græcè Στρατιώτης χιλιόφυλλος.
Latinè Stratiotes chiliophyllos.
Officinis Millefolium.
Germanis Garben / Schaffryp /
Schaff garben / & Gerwel.
Galli millefeulle appellant.

Quibuſdam tamen hodie cuminū ſyluaticum, alij anethum ſylueſtre, alij aſininum daucum uocant, ſed falſò ſi uiro doctiſſ. Euritio Cordo credimus qui Stratiote Chiliophyllon noſtrū eſſe millefoliū in ſuo Botanologico clare demōſtrat, recētiores quoq; ad eoſdem uſus, ad quos ueteres. ſuum Chiliophyllum, adhibent, ad ſananda nimirum omnis generis uulnera, diſſoluendum ſanguinem concretum, & ad conſtringendos menſes. Vnde à Stratiote millefolio non eſſe diuerſum omnibus perſpicuum fit.

Verbaſcum. — Cap. LXXXIX.

VErbaſcum differētias ſummas habet duas, hoc nigrum, illud album: in quo mas & fœmina intelligitur. Fœminæ igitur folia ſunt braſſicæ, piloſiora multò, & latiora, candida: caulis albus, cubitalis aut amplior, ſubhirſutus: flores albi, aut ex luteo palleſcentes: ſemen nigrum: radix longa, guſtu acerba, craſſitudine digiti. naſcitur in cāpeſtribus. Verbaſcum, qui mas appellatur, oblongius, albis folijs, & anguſtioribus, tenui caule. Sed nigrum prorſus albo ſimile eſſet, niſi nigriore latioreq; conſtaret folio. Sylueſtre folia fert ſaluiæ, altas uirgas & lignoſas, & circa eas ramulos quales marrubium: flores luteos, auri æmulos.

Sunt

ノコギリソウ、ジギタリス、サクラソウ。ディオスコリデスの『薬物誌』（1543年）より。

花も太陽に顔を向け、陽が沈むと花びらをすぼめ、雨や曇りならそのままずっと開かない。アンドルー・マーヴェルの『庭 *The Garden*』に出てくる花はまさに時計だ。「こんなに心地よくて健やかな時の流れがあるだろうか。草や花だけを頼りに時間を読むなんて!」

雑草は生物多様性において欠かせない存在だ。多くの雑草はハチやチョウなど重要な花粉媒介者の宿となっている。ノハラガラシはアメリカ南東部では雑草だが、養蜂家にとっては貴重な植物だ。霜に強く、早いうちから大事な花粉をかならず提供してくれる。イラクサはアカタテハ、クジャクチョウ、ヒオドシチョウなど、多くのチョウに栄養を与えている。自然保護主義者の主張によると、アザミ、シャク、キンポウゲといった一般的な雑草は、除草剤や化学肥料を過剰に使用した農地を復活させるのにひと役買い、植物同士の複雑な関係を回復させ、種《しゅ》の多様性、そして最終的には自己再生可能な生態系をもたらしてくれる。いっぽう、雑草は私たちの願いを邪魔する害虫や病気の宿にもなるため、厄介者として非難されている。それも、雑草のせいで繁殖する害虫は実際に作物を攻撃する害虫とはほとんど違うのに、だ。また、侵略種の雑草は生物多様性を脅かしているといわれている。気候がその雑草にとって理想的で、敵がほとんどいなければなおさらだ。ニュー・サウス・ウェールズでは、ヨーロッパからやってきた外来種が在来種や地元の野生生物の10分の1を殺してしまった。

食品作家のジョン・ニュートンは、雑草(weed)のもととなった語はホソバタイセイ(woad)だとしている。昔から、生地を染めたり肌に迷彩模様を描いたりするために多くの野草が使われて

川辺のドクニンジン。

きたからだ［ホソバタイセイは藍色のインディゴ染料の原料］。タンポポの花は濃い黄色の、根は暗赤色の染料になる。ノコギリソウは黄色や淡い緑色の染料になり、ロシアではイースターエッグの色づけに使われている。

トウワタやユッカなどから取った植物繊維からは、ロープ、紙、布ができる。イラクサの繊維は第1次世界大戦時、ドイツとオーストリアで軍服を作るのに使われた。連合国軍の輸送封鎖によって羊毛や綿の供給が断たれたからだ。事実、イラクサ製の衣服はヨーロッパで一般的だったが、16世紀以降、インドやアメリカ産のコットンが収穫も紡績も容易だと判明し、産業革命によってコットンの繊維は機械生産に適していることもわかった。イラクサ「nettle」はサクソン語で「針」を意味する「noedl」が由来で、たぶんトゲのことを指していたと思われるが、布を縫って衣服にすることも示唆していたのだろう。茎は中空なので断熱布を作ることができたが、繊維を撚《よ》れば、夏の暑さ向けに通気性が良い上質の布地ができた。19世紀半ばに雑草や野花の文化史を書いたレディ・ウィルキンソンは、スコットランドの詩人トーマス・キャンベル（1777～1844年）の言葉を引用している。

私はイラクサのシーツで眠り、イラクサのテーブルクロスを敷いて食事をした。若くて柔らかなイラクサは最高のハーブティになる。熟したイラクサの茎からは亜麻のような上等の布地が作れる。母いわく、イラクサで織った布地は他のどんな亜麻布より丈夫らしい。[20]

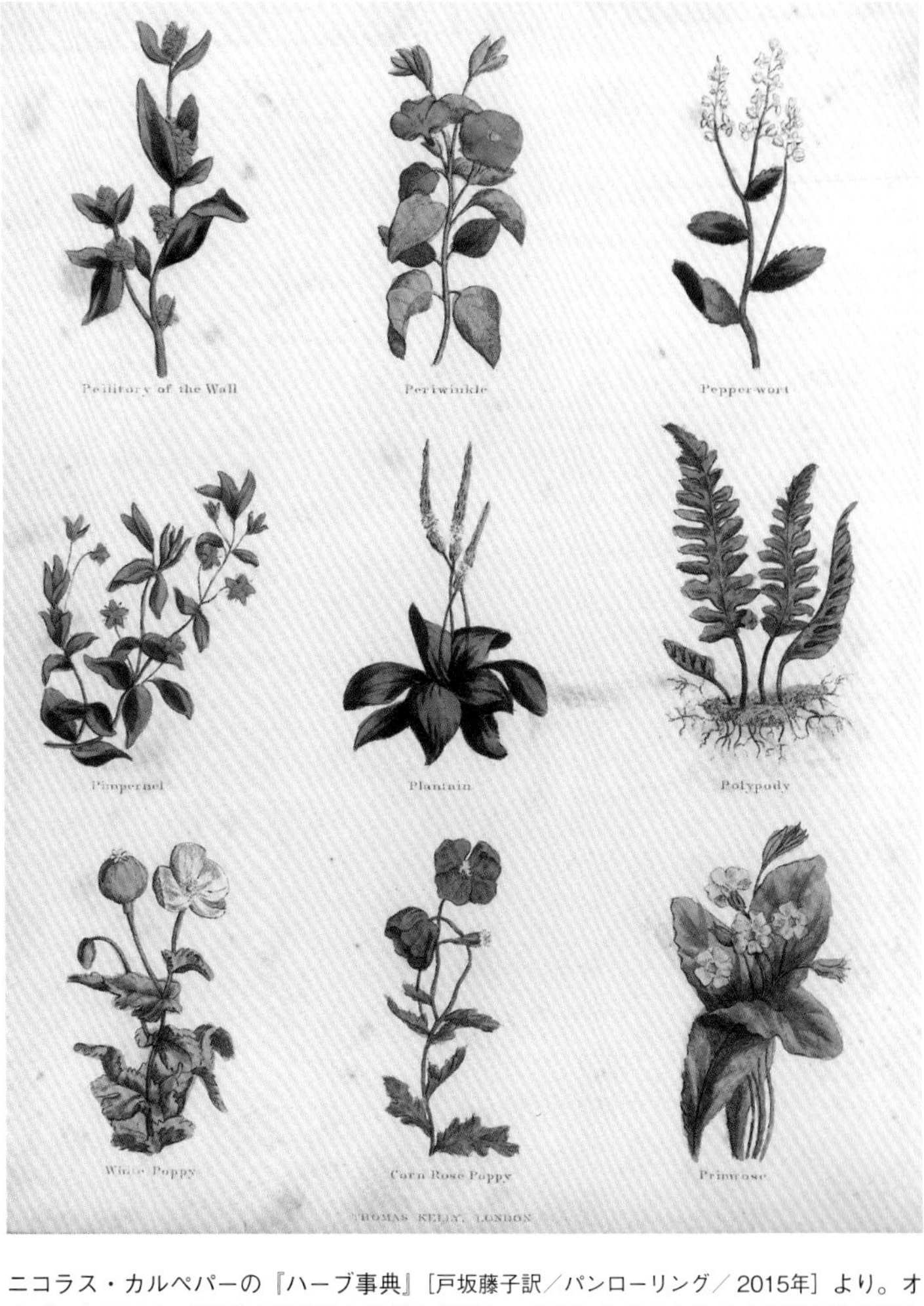

ニコラス・カルペパーの『ハーブ事典』[戸坂藤子訳／パンローリング／2015年] より。オオバコをはじめ、「薬効や神秘的な特徴を解説し、人間に生じるあらゆる不調の治療薬として具体的な投与法」を掲載。彩色版画。1850年。

ウィルキンソンによると、イラクサの繊維は極東ロシアのカムチャッカ半島では釣り糸に利用し、インド北西部やパキスタンでは苧麻《ちょま》として知られる繊細な布地を織っている。また、古ドイツ語ではモスリン［木綿や羊毛などの単糸で平織りした薄地の織物］のことをネッセルトゥーフ（イラクサ布）というそうだ。交雑種の誕生や紡績技術の発達によって、現在、ふたたびイラクサ布が生産されている。

ライン川渓谷から見上げるエーベルシュタイン城に、ある伝説が残っている。傲慢な城主エーベルシュタインは召使の娘の結婚に反対だった。そこで、「おまえの父親の墓に生えているイラクサから糸を紡ぎ、自分のウェディングドレスと私の経帷子《きょうかたびら》を仕上げるまで結婚してはならない」と命じ、おまけに草取りの時間を与えなかった。結局、この話を耳にした老女が代わりにイラクサを使って、ふたつとも格段に美しく織り上げたという［この老女は現在ドイツの堅実な紡績業を産んだ母とみなされている］。

ジェラードによると、スギナはかつてシロメ［錫《すず》に鉛などを加えた合金］を磨くために広く使用されていたため、ピューターウォート（シロメグサ）としても知られている。比較的目が細かい研磨剤なので、木材や現在のアルミニウムを磨くさいにも利用されている。スギナの短い枝を互い違いに重ねて束ね、中央を縛れば両端がブラシになる。矢じりの研磨にも使われた。かつて、矢に羽根を付けるときには野生のブルーベルから採れるデンプンを用いた。油に浸したトウシンソウは貧民のろうそくになった。刈り取って乾燥させた雑草は断熱や火口《ほくち》［火を起こすもの］として使われた。乾燥させたハリエニシダとワラビは燃やすとかなり高温になるため、レンガ窯の燃料になった。

ハコベはさまざまな地形で育ち、幼鳥やセンモンヤガのエサとなっている。ノハラガラシはアメリカ南東部諸州でよく見られ、作物の栽培にとっては有害な雑草だが、養蜂家からすれば花粉をもたらしてくれる大事な存在だ。一般に嫌われるゴボウは、広く利用されている薬の原料になるだけでなく、花は大量の蜜を生産するため多くの花粉運搬動物を引きつける。イラクサは生でも乾燥させたものでも、昔から家畜の飼料となっている。スカンジナヴィア、ロシア、ヨーロッパ全土では、ウシの乳の出をよくするためエサの干し草にイラクサを混ぜている。イラクサは家禽も喜んで食べるし、煮詰めてつぶせばブタのエサにもなる。

植物を原料とする緑肥は化学肥料より栄養素が豊富だ。たとえばスギナは破壊的な雑草だといわれているが、ケイ素が含まれ、木材腐朽菌やカビを防いでくれる。緑肥は十分な窒素を提供し、有機物で土壌を改善してくれるのだ。

カラシのような雑草を植えると、有用な生きたマルチとして地面を覆い、あとで土中に混ぜ込めば土の栄養にもなる。肥料をやる手間もはぶけ、他の侵略種も寄せつけない。土壌は冬のあいだ放ったままにしておくと、侵食が進み、暑い地域では砂嵐を引き起こす。緑肥は経費を抑えて土壌を改善できる。翌年に蒔く種をわざわざいったん保管する場合はなおさらだ。土を耕すとき、そのまま埋め込めばいい。もし不注意にも種を撒き散らしてしまったら、土壌改善どころか、さらにひどい雑草被害に見舞われる。緑肥の選択肢はいくつもあり、どのくらいの期間で育てたいのか、どんな土壌なのかによって変わってくる。たとえば、アオバナルピナスを植えれば、根を深く張るため、硬い土をほぐして空気に触れさせ、たくさんの水分が保持できるようになる。間作物として、生長

タチキジムシロの花をつけた茎、根茎、花の各部位。ジェームズ・サワビーによる彩色版画。1801年。原画はジェームズ・エドワード・スミス。

ファセリアは緑肥にもなる。

が遅いキャベツなどの畝間に植えてもいい。また、マメ科なので根が空気中から窒素を取り込んで他の植物に栄養を与え、花は送粉者のハチを引き寄せる。いっぽう、ムラサキツメクサは生長の速い多年生で、葉が下の土を覆ってくれる。更年期障害を緩和する植物性エストロゲンを含んでいるため、薬効があるともいわれ[21]、軟膏は湿疹やおむつかぶれにも利用できるらしい。

農場や自宅の庭に生える雑草の種類から土壌のタイプがわかる。それによって、育てたい植物に適した管理法も見えてくるのだ。

イラクサやヒレハリソウなどから作る液状の緑肥は、なんとも皮肉だが、雑草駆除に効果がある。薄い希釈液はカビや菌による病気の治療に功を奏する。慎重に扱えば多くの特効薬の原料になる有毒な植物同様、雑草も主役になれるし、巧みに管理すれば、動物の棲み処になったり、土壌を保護したり、さらには不要な植物を退治したりしてくれるのだ。

このように雑草は自然界でも人間の生活のなかでも、たくさんの役目を果たしているが、私たちがなにより興味を持ってきたのはつねに食材としての雑草だ。人間はナッツやベリー、葉や根を手に取り、柔らかな芽、みずみずしい海藻を口にし、味わいかたを試行錯誤してきた。人間は雑食で、ビタミン類や食物繊維の摂取を植物に頼っている。雑草はずっとそうした食材を無償で私たちに提供してきたのである。

第6章　食材としての雑草

雑草は急な天気の移り変わりや重大な気候変動にも打たれ強い。雑草は自分自身と私たち人間が頼っている重要な栄養素を十分に蓄えている。つまり、雑草を食べるということは、とりわけ栄養豊富な植物を食べるということだ。博物学者リチャード・メイビーは雑草の「濃い味、丸まった根、見まちがいやすい葉」を「味気もなく害もない」交配種の作物と比較した。[1] 関心の高い多くの人たちはさらに踏み込んで、野草を食べると自然界とつながり、肉体だけでなく精神も自然と調和しているように感じる、と述べている。なかには、雑草は人間を現在の世界で堕落する前の純真な状態に戻してくれるという意見もある。以前、人間は植物の生長をコントロールしようなどとは微塵も考えず、その日暮らしをしていたのだ。

20世紀半ば、すでに狩猟採集民族はほとんど存在していなかった。数少ないながらいまも奥地で古代の慣習を守っているのは、オーストラリアのアボリジニ、アフリカ中西部のピグミー族、アフリカ南西部に住む少数グループのサン族だ。農業社会や産業社会は彼らの活動範囲をじょじょに奪っ

ブラックベリーの秋の葉と実。

ていき、遊牧民は新たな狩猟地を求めて年に数回移動することが難しくなっている。1960年代、人類学者のリチャード・リーはボツワナ北部のドービ地区で孤立している約1000人の狩猟採集民族クン人と生活をともにした。その結果わかったのは、「狩猟採集民族の寿命は短く、みじめな人生を過ごしている」という先入観がまちがっていたことだった。彼らの暮らしは驚くほど気楽で、男性が狩りを担当し、女性が植物を採集していた。男女とも長時間働くことはなく、長生きだった。もうひとつまちがっていたのは、狩猟採集民族は食料の入手法などまったく管理していないという予測だった。東アフリカや北アメリカ西部では定期的に野焼きをおこなって発芽を促し、獲物を呼び寄せていた証拠が見つかっている。

リチャード・リーは調査対象の採集民族が、重要なビタミン源として、砂丘に生える木、モンゴンゴの実を食べていることに気づいた。[2] モンゴンゴは枝の股の部分に少量ながら水分を蓄えているため、喉の渇きも癒してくれる。陸で暮らす多くの採集民族と同様、狩猟のチャンスはなかなかないので、生きていくための食材は、野菜、果物、ナッツ、昆虫だ。非営利団体「国境なきゾウ」によると、ゾウはモンゴンゴの実が大好物だが、ゾウの消化器官では非常に硬い殻を消化して中身を吸収することができない。クン人はゾウのあとをつけ、フンからこの実をつまみ出す。少しは消化して殻がいくぶんやわらかくなっているため容易に割ることができるのだ――おまけに、殻とゾウのフンは貴重な燃料源になる。[3]

水辺で暮らす狩猟採集民族は、栄養源を水生の動植物――魚、海の哺乳類、海藻――に頼っており、陸の採集民族とは生活のかたちが異なる。アラスカ州アリューシャン列島で見られるように、より長く定住することが可能だ。

こんにち、野草や雑草を採集するさいにもっとも注意すべき点は、有毒な植物と無害な植物を判別する知識である。熟しすぎやアーモンド臭など、危険なサインも見落としてはいけない。ツタウルシはマンゴーやスマックにそっくりだし、ドクニンジンはおいしいノラニンジンやパースニップとまちがえやすい。たとえ正確に識別できても、都会で汚染された雑草を避けることも大切だ。微量な鉛、ヒ素、水銀が土壌に潜んでいるからだ。廃棄物処理場で摘んだイラクサの若葉のサラダは食べるべきではない。道端で生い茂る雑草は行き交う車の排気ガスに汚染されているだろう。畑の隅で集めた雑草は殺虫剤が染み込んでいるかもしれないし、背丈の低い草には通りかかったイヌがおしっこをひっかけているかもしれない。雌ネコは雄ネコを思わせるというタンポポの匂いに反応し、気を引くために葉におしっこをかける（尿スプレー）習性がある。

ジャック・ニムキの「ブラックベリー」。2010年。デジタル画。

以前、発展途上国で日常的におこなわれていた植物採集が、近年、西洋で不可欠になってきている。人間が与えてしまったダメージから生態系を守ろうとする信念が生まれ、自然は人間の介入がなければ素晴らしいものになると提唱されている。生態学者が懸念しているのは、各国政府が、石油の備蓄が乏しくなったときだけ真剣にバイオ燃料に頼ろうとする点だ。こうした極論は不運な結果を招く。たとえば、海藻は未来の再生可能エネルギー、エタノールの原料になるが、健康食として海藻を生産している業者は、海藻の収穫がエタノール生産に取って代わるかもしれないし、将来の燃料工場による汚染から海岸を守れるのか、不安にかられている。

沿岸地域では海藻を食べる習慣があるが、最近、西洋では消費量が減っている。かろうじて残っているのは伝統料理で、海苔とオーツムギで作るウェールズのレイヴァー《海苔》ブレッドやカラギーナン

雑草の葉が生い茂ったトンネル。

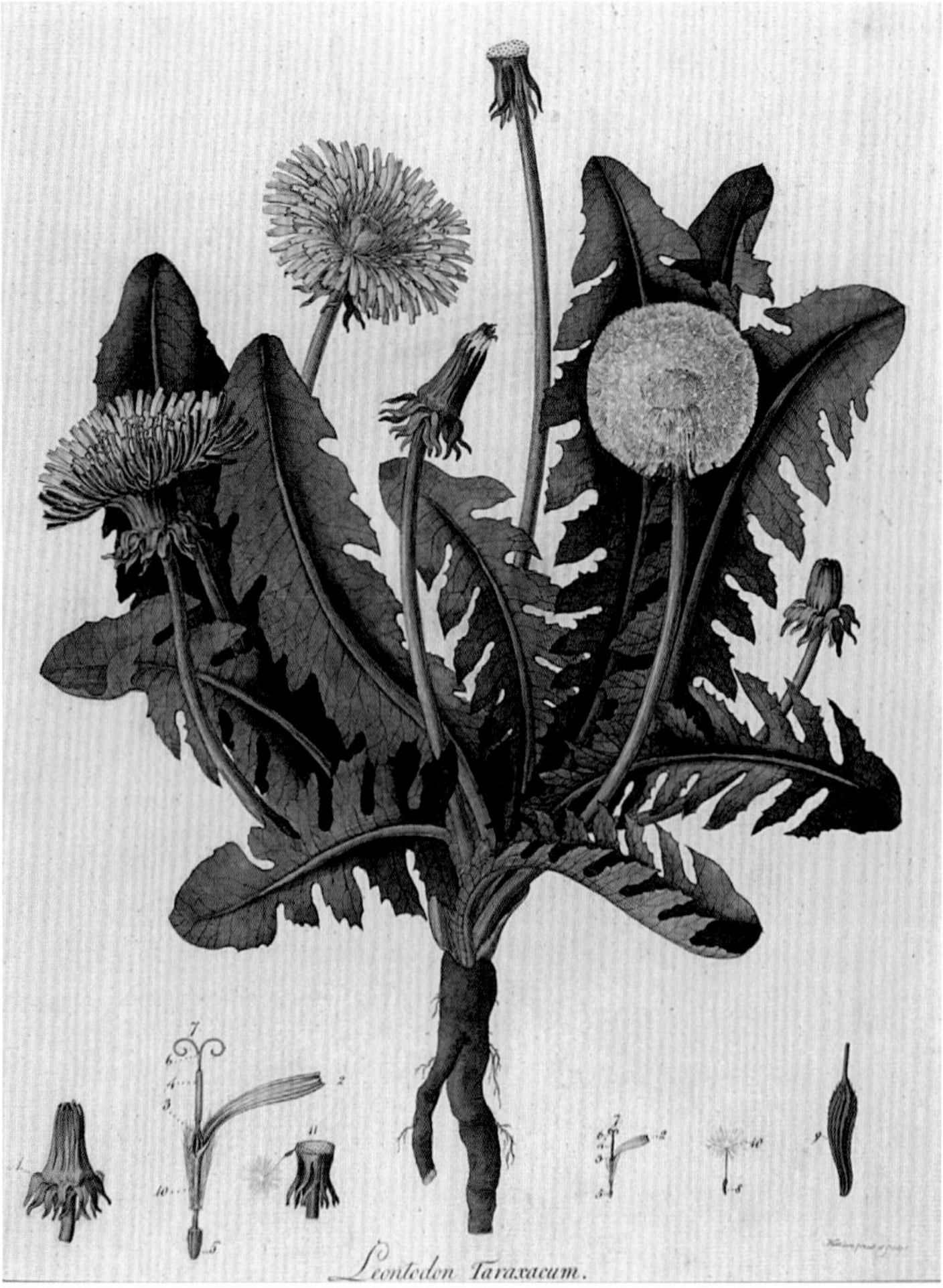

ウィリアム・キルバーンの「タンポポ」。1777年。キルバーンはウィリアム・カーティス著『ロンドンの植物』に多くの挿絵を寄せた。

を入れるアイルランドのデザート、海藻プリンだ。カラギーナンは増粘剤の原料で、サラダクリーム［マヨネーズに似たイギリスの調味料］、アイスクリーム、歯磨き粉、さらにはペンキなど、多くの製品に利用されている。だが、海藻はいまもアジアの多くの料理で重要な役割を果たしている。中国では、海水の毒性レベルが高く、海藻に影響が出ている可能性があるにもかかわらず、大量の海苔が収穫されている。もし海藻を採りたいなら、原子力発電所や工場に近い場所は避けたほうがいい。

乾燥昆布は塩の代用品として広く利用されており、ビタミンやミネラルの含有量が高い。寒天は紅藻類から抽出したゼリーで、第1次世界大戦では創傷被覆材［湿潤環境を与えて傷の治癒を促進する］として使用された。また、食品に加えればヨウ素が摂れるため、甲状腺疾患に有効だ。中央アメリカの国べリーズの伝統飲料ドルセは海藻と牛乳を混ぜ、スパイスを利かせて甘みをつける。韓国と日本の昔ながらの料理には多くの海藻類が取り入れられている。毒に汚染されている心配がありながら、魚やシーフードとともに優れた健康食だと考えられているのだ。乾燥させた海苔でおにぎりや寿司をくるんだり、魚介類のスープや海鮮鍋に刻み海苔をかけたりする。やわらかくて独特の風味がある若布《わかめ》は700年頃からサラダの具材として重宝されてきた――だが、2009年版「世界の侵略外来種」の危険な雑草ワースト100にあげられている。

陸の雑草に話を戻そう。環境保全活動家ウェンデル・ベリーの主張、「食べることは農業的行為である」［『ウェンデル・ベリーの環境思想』／加藤貞通訳／昭和堂／2008年］には、農業と自然界を融合させたいという彼の望みが表れている。[4] ベリーにとって「雑草の生えた庭」は人が自宅の象

海藻を積んだ平底帆船。韓国、釜山港。1904年。

徴としてほしがるものであり、「鮮明に心に刻まれ、苗木も雑草も大切にする場所」だと述べている。雑草は補完しあう食物システムの一要素だと謳うベリーは、ケンタッキーにある自身の農場でオオブタクサとシロバナチョウセンアサガオを完全に駆除せず、タイミングを見計らって刈ったり、ヒツジに食べさせたりして管理した。同じように、イースト・サセックス州にある、いまは亡き園芸家クリストファー・ロイド氏の邸宅、グレート・ディクスター・ハウス&ガーデンズの野草園では、シーズン中に晩刈りし、さまざまな種子が熟すよう工夫した。種を蒔くまで干し草は地面に山積みにしておき、その後、越冬に向けてふたたび雑草の葉を短く刈る。それ以外の区画は、他の生物の防寒対策のため刈らずにそのままにしておくのだ。

遺伝子組み換え食品には不安がつきまとうため、有機食品への関心が高まっている。現在の採集者の主張によれば、野生の食物はどんな作物と比べても2~3倍の栄養価が詰まっている。「生け垣のスパイス棚」といういいまわしがあるように、誰でも豊富な食材が手に入るが、素人が採集するときは食べられるものと食べられないものを区別する知識を身につけておかなければならない。たとえば、ラムソンの芽は有毒なマムシアルムに外見が似ている。食物採集家ロビン・ハーフォードは、中身の豊富な野生食料貯蔵庫を入念な注意を払って扱い、むやみに欲ばらないよう警告している。「恋人をなでるように優しく採集すること。1歩下がって、ゆっくりと始めよう。あまり採れないからといって焦ってはいけない」

17世紀、ジョン・イーヴリンは『アーケータリア：サラダの話』で各国の食の違いを比較し、スペイン人とイタリア人は春にフランスギクを、また、一年を通してラムソン（別名ワイルドガーリック。日本でいう行者ニンニク）を味わっていると記している。「たしかに、淑女には向かないし、女性を口説く男性にもすすめられない」。フランスの田舎に住む人々はタンポポの根を、イタリア北部のジェノバ人は白いケシの実を崇めている。イーヴリンはホースラディッシュにも触れ、また、皇帝ネロが好んだ薬効のあるシルフィウムなど、昔からある野菜の人気が落ちていることを嘆いた。シルフィウムは「胃を強くし、失せた食欲を取り戻し、筋肉をつけてくれるのだが……」。

安全な食材を見分け、リスクを最小限にとどめるには、その植物の各部位を別々に試すといい。雑草のなかにはつねに細心の注意を払って扱わなければならないものもある。たとえば、ハナウドは火を通しても痛みを伴う水ぶくれができるかもしれない。概して、疑わしい場合は、香りが強かったり、口に入れてすぐ苦みを感じたりすることが危険信号になる。とにかく、まずかったら吐き出すこと。アメリカ海兵隊の「汎用食用テスト」（国際基準の可食判断法）では、見知らぬ植物をチェックするさい、開始前8時間は何も食べないようアドバイスしている。追い詰められた状態では戸惑うかもしれない。それでもまずは肘の内側に葉をこすりつけて反応を見る。そのあと唇をこすり15分待ってから、小片を口に入れる。もし、焼けつく、まひする、しびれる、といった感覚があったらすぐに中止する。なにも問題がなければ小片を食べ、8時間待つ。少しでもおかしければ急いで吐けるだけ吐くこと。このテストが暗示しているのは、目の前にあるその植物が、時間のかかるいくつものテストをする価値があるかどうか、まっさきに判断しなければならないということだ。

火を通して食べられる植物が、生《なま》では危険になることもある。たとえば、キンポウゲ科のセンニンソウは茹でればおいしいが、サラダで食べてはならない。かつて、中世では物乞いが同じキンポウゲ科のキツネノボタンの生汁を肌にこすりつけ、ただれさせていたようだ［あえて水疱を作って皮膚炎を治療する方法。少量なら効果がある］。キンポウゲ科の植物にはプロトアネモニンという刺激の強い毒素が含まれるが、火を通すと死活する。[6] また、カタバミに含まれるシュウ酸は腎臓結石を誘発する。川辺のオニツリフネソウにもシュウ酸が含まれるが、加熱すれば除去できる。アルムは有毒な実をつけ、悪臭を放つが、どうしても葉を食べたい場合は十分に加熱してすべての毒素を取り除くこと。さもないと、小さな針毛が舌に何度も突き刺さる。[7] ゴボウの葉は苦いが、日本人はホウレンソウの代用としてワカゴボウの葉を食べてきた。根はとても味わい深いが、難消化性のイヌリンという食物繊維が含まれている。おなかのなかで発酵して、腹部にガスがたまる鼓腸を引き起こす。ハコベはおいしいが、繊維質の茎がすぐ歯にはさまる。

野生キノコの採集は、よほど博識でないかぎり文字通り愚か者の行為だ。おとぎ話や民間伝承では、ひと口で中毒を起こす斑点のある魅惑的な赤い毒キノコが出てくるが、それこそ実在する猛毒のベニテングダケだ。うっかり口にしたら最後、即刻、肝臓移植が必要になるかもしれない。死の傘（タマゴテングタケ）、破壊の天使（ドクツルタケ）といった通称は役立つ警告だが、それでも食べられるキノコときちんと区別できるようにならなければいけない。アミガサタケやホコリタケは微小な虫や幼虫の宿主となるので、食べる前に、ひと晩、塩水に浸けること。

こうした落とし穴や危険が多かれ少なかれあるなか、西洋では少なくとも富裕層のあいだで野草を食べることへの人気が高まってきている。はやりの青果店を見ると、自身の庭からせっせと抜いているまさにその雑草が目に入るだろう。スベリヒユは多くの国で雑草だとされているにもかかわらず、抗酸化作用や豊富に含むオメガ3脂肪酸のおかげで注目され、ガンや心臓疾患を防ぐ健康食品となっている。100グラムのエキスで、「ビタミンAが1320IU以上、ビタミンCが21ミ

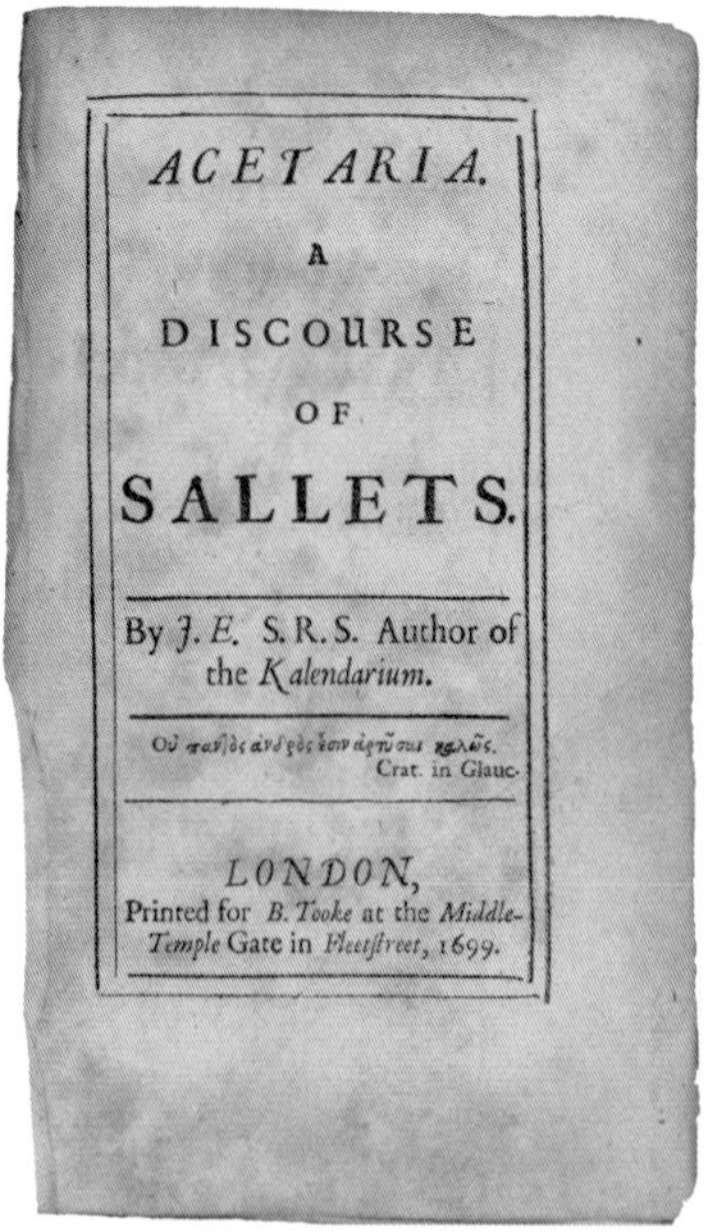

ジョン・イーヴリン著『アーケータリア：サラダの話』（1699年）の表紙。

リグラム、さらに、高濃度のビタミンB群が摂れる」のだ。[8] スベリヒユは味も評判がよく、かすかなレモンの香りを放ち、葉はぱりぱりとした食感がある。インドとイランが原産だが、現在は世界中で生育している。トルコでは小さなペストリーに入れる。ギリシアでは他の野菜やフェタチーズと揚げて、アンドラクラという一品になる。ポルトガルでは「バルドロエガス」と呼ばれ、同名のスープのおもな材料となっている。大プリニウスは悪魔よけのお守りとして身につけるようすすめた。カルペパーによると、葉を摂取すると歯茎を強化してぐらぐらした歯をなんとか固定してくれるらしい。ジョン・イーヴリンは『アーケータリア：サラダの話』（1699年）で、スベリヒユは「たいていどのサラダにも入っている。茹でてから冷やして食べる場合もあり、マフェット医師は軽食としてワインに浸

20種類のキノコ。ベニテングダケやタマゴテングタケもある。彩色リトグラフ。A. コルニヨン。1827年。

して食べていた」と書いている。アメリカ、カリフォルニアのシェフ、クリストファー・コストフは、若いスベリヒユに、ライムピクルスを入れたヴィネグレットソースをかけてシンプルな一品に仕上げた。[9] コストフいわく、熟したスベリヒユは茎をやわらかくするためブドウの圧縮果汁から作ったシロップ、ヴィンコットをかけて食感を変える必要がある。また、強い調味料にも負けないため、ときにはネクタリンやプラム、あぶったヘーゼルナッツ、さらにはブルーチーズを添えることもあるという。

アメリカ、ニューヨークのブルックリンのシェフ、カルロ・ミラキも同様に、14世紀の重要な薬草で香りが強く味の濃いラベージには、酸味をやわらげるためナッツミルクをかける。ミラキいわく、こうした突飛な組み合わせが味覚を楽しませてくれるという。こうしたサラダを食べると、「森に棲む生き物になって、風変わりなものを食べながら飛び回っている気分になる」のだ。[10] イギリスのシェフでリアルフード［できるだけ加工せず、素材の形が残っている食品］・キャンペーンを率いているヒュー・ファーンリー・ウィッティングストールは、パセリやセロリの代わりにラベージをすすめているが、味は強烈だと注意を促している。なにしろ、フランス人に「セロリ・バタール（セロリ野郎）」という名前を付けられたくらいだ。彼はラベージを魚や鶏肉に詰めたり、レタス、マメ、キュウリで作る夏のスープの風味づけに使ったりしている。[11]

マイケル・ポーランはスベリヒユにシロザを組み合わせた。このふたつは世界でもっとも栄養価の高い植物だ。シロザは一年生で、多くの野生哺乳類、鳥、虫のエサとなり、数千もの種子を付ける。種子は収穫し、挽いてパン用の粉にすることもある。乾燥させた葉も粉にすれば平たいパンを焼く材料に向いている。サラダ、炒め物、シチューにも適していて、芳醇なミネラルの風味はチャードに引けを取らない。

イワミツバを気持ちよく管理するには、生長期をとおして生えてきた若い芽を摘み続けることだ。葉を広げるまえに摘んで、シンプルにオリーブオイルで揚げる。たくさん揚げて塩をふるだけでもおいしい。しかし、この耐寒性のある多年草は、芽を摘めば食材として使えるが、根が強くなると次々と芽を出すようになり、地表すぐ下に網のような根を広げ、他の植物を寄せつけなくなる。それでも、イワミツバのやわらかな葉柄をたっぷり使ったキッシュは格別だ。

イワミツバのキッシュ
エシャロット（スライスしたもの）……100グラム
湯通ししたイワミツバ……100グラム
卵……3個
プレーンヨーグルト……150ミリリットル
ホイップクリーム……150ミリリットル
粉チーズ……50グラム
ナツメグ……適量
塩・コショウ……適量

1. エシャロットを透きとおるくらいまで炒めたら、イワミツバの葉を入れ、かき混ぜながらさらに数分炒める。
2. 卵、粉チーズ、ヨーグルト、クリーム、ナツメグ、塩、コショウを加えて混ぜ合わせる。
3. 26センチのキッシュ型にバターを塗り、パイ生地を敷き、2を注ぎ入れる。
4. 中温のオーヴンに入れ、膨らんで黄金色になるまで30～35分焼く。[12]

ヤナギランはアラスカに自生している。伝統的な食材で、若い芽は生で食べ、肉と合わせて調理することもある。エスキモー流にアザラシ油に浸けたものは「パフメユクトゥク」（食用の芽）と

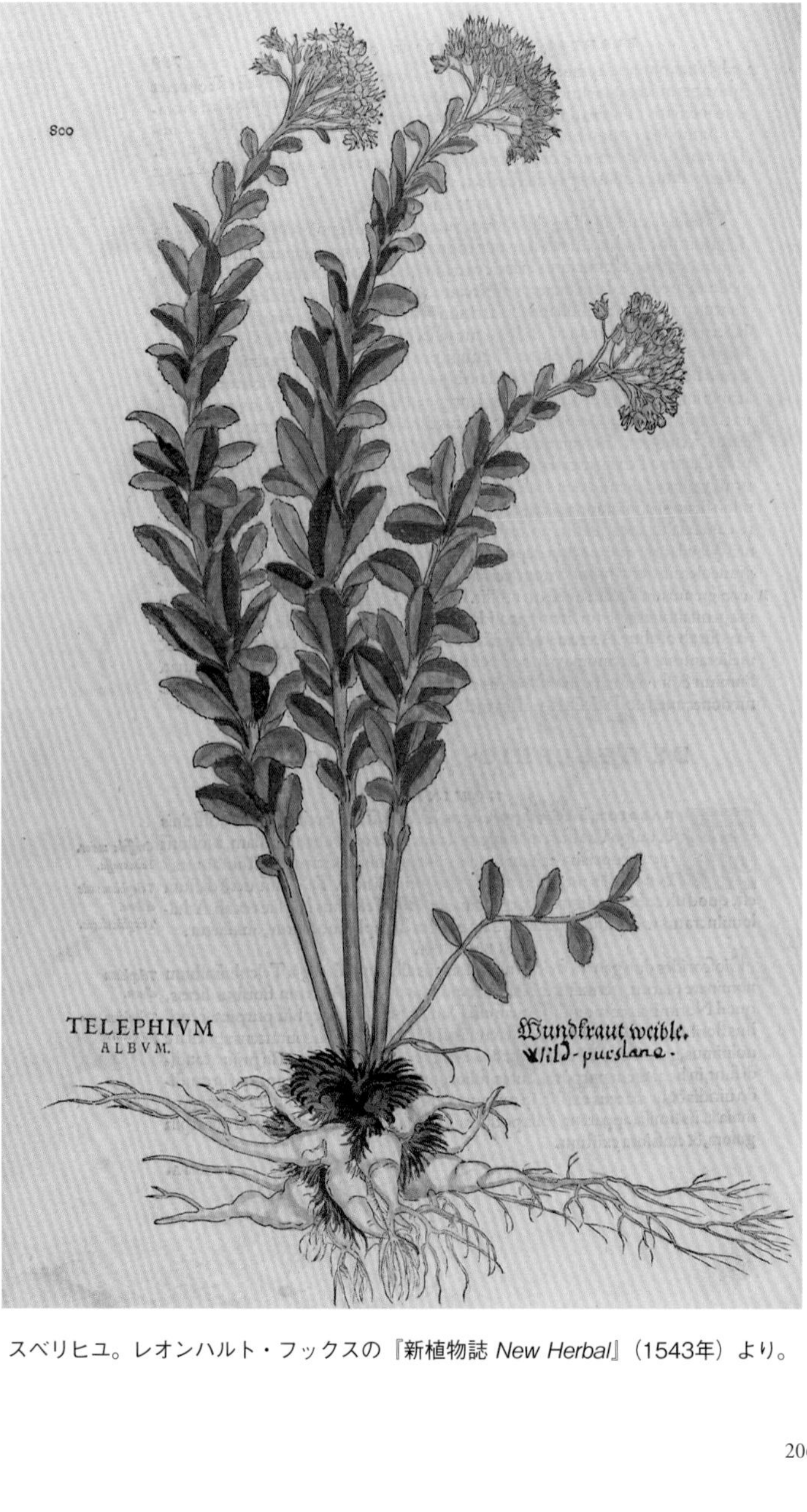

スベリヒユ。レオンハルト・フックスの『新植物誌 *New Herbal*』（1543年）より。

いう。ヤナギランの近縁種オオアカバナの花びらは甘いゼリーを作るときに香りづけに使い、コールドミートに添えたり、パンに塗ったりする。[13]

タンポポほど見分けやすく、手に入りやすい雑草はほかにない――ぱっとした黄金色の花はとくに目立つ。摘んでフリッターにするのも簡単だ。庭では綿毛ができる前に摘み取れば蔓延を防ぐことができる。

タンポポのフリッター

卵……1個
小麦粉……125グラム
牛乳……250ミリリットル
茎を少し残したタンポポの花
植物油

1. 茎をつまんで、卵、小麦粉、牛乳を溶いた衣をつけ、油で揚げたらペーパーにあげて余分な油を切る。
2. 適宜、塩、コショウを振るか、粉砂糖をまぶす。[14]

ジョン・イーヴリンはイラクサを食材として褒め称えた。「つぼみや新芽は少し叩くととてもやわらかくなる。生で食べる場合もあれば、他のハーブと合せ、とくに春のポタージュに入れ、火を通して食べる場合もある」[15]。1661年、日記作家サミュエル・ピープスは友人のシモンズ氏が出してくれた食事について書いている。「私たちはイラクサのポリッジ［オートミールと牛乳で作る、おかゆ］を食べた。本日のおもてなし料理で、じつにおいしかった」[16]。イラクサは鉄、カルシウム、マグネシウム、多種のビタミンを摂取できる優れた食材だ。レディ・ウィルキンソンが教えてくれたように、イラクサからは牛乳を凝固させるレンネットが取れる。子ウシの胃の粘膜から取れるレンネットより後味が残らない。イラクサのレンネットはヴェジタリアンにももってこいだ。イラクサや他の雑草、たとえばミチタネツケバナやラムソンの葉を混ぜ、野生の木の実でさらに風味を加えれば、シンプルなペスト・ソース［本来は、オリーブオイルにバジル、松の実、にんにくをすり混ぜたソース］が作れる。これさえあれば、驚くなかれ、とびきりのパスタのできあがりだ。

ゲイル・ハーランドは、セイヨウナツユキソウで濃厚なミルクゼリーを作ってチェリーソースをかけたり、ヤナギランの花びらをスコーンミックスに加えたりしている[17]。野生のリンゴはハチミツや野生ラベージの砂糖漬けアンゼリカで甘みを付ける。おそらく、雑草採集は甘いデザート作りに向いている。安全で健康によい材料が簡単に見つかるからだ。

ワインはイラクサ、タンポポ、ニワトコなど多くの雑草から醸造することができる。ニワトコの実からはワインが、花からはスパークリングワインが作られる。スローベリーの実を摘んで砂糖でまぶし、ジンに浸ければ、芳醇で宝石のような酒になる。またさまざまな種子や焙煎した根はコーヒーの代用品になり、生け垣に生える多くの薬草からはハーブティが作れる。

ふと、子供の頃に飲んだタンポポとゴボウの炭酸飲料が蘇ってきた。まさに、エニード・ブライトンの『フェイマス・ファイブ』シリーズ［眞方陽子ほか訳／実業之日本社／２００３～04年］の世界だ。真夜中の宴会やハラハラドキドキの勇ましい冒険は、キャンプや楽しいアウトドアのイメージを想起させる。この飲み物はもともとは中世のイギリスでハチミツ酒の一種として飲まれていた。ハチミツとワインにタンポポの根とゴボウの根を浸けるのだ。その後、ノンアルコール・ドリンクに変わり、サスパリラ［根がビールの原料になり、薬の味がする］の風味になった。現在、店で買えるものにはタンポポやゴボウの根はほとんど、あるいは、まったく入っていないが、商品名に名前だけが堂々と残っていて、健康によいドリンク剤というオーラを放っている。では、本家本元のレシピを紹介しよう。

タンポポとゴボウのドリンク

冷水……６００ミリリットル
乾燥させて挽いたタンポポの根……小さじ１
乾燥させて挽いたゴボウの根……小さじ１
ショウガ（みじん切り）……１かけ
スターアニス（みじん切り）……１個分
クエン酸……小さじ½
グラニュー糖……３００グラム

ニワトコの花は強壮剤やスパークリングワインの原料になった。

ソーダ水

1．砂糖とソーダ水以外、すべての材料を大きな鍋に入れ、沸騰させ、20分煮詰める。
2．布巾かモスリンを敷いたふるいでこす。
3．熱いうちに砂糖を加え、溶けるまでかき混ぜ、冷ます。
4．タンブラーグラスに3を50ミリリットル入れ、ソーダ水200ミリリットルを加えたら、よくかき混ぜ、氷を浮かべて供する。[18]

スウェーデンでは、ノコギリソウは「野原のホップ」として知られ、醸造に使われていた。もっとパンチのあるものが飲みたければ、ヒヨス（別名ニワトリゴロシ）がいい。中世ではビールに加えて、アルコール度数をかなり上げていた。この習慣がだいぶ広まったため、ドイツのバイエルン州では、1516年、ビール製造にはホップ、オオムギ、水

グリーン・アルカネットとキンポウゲの花を添えた、イラクサ、タンポポ、ワイルドロケットの葉のサラダ。

しか使えないという法律ができたが、のちに酵母も認められた。ヒヨスに麻酔効果があることを考えれば、大量に加えたときの影響は想像できるだろう。

野草は栄養価が高く、風味豊かな食材であるにもかかわらず軽視されてきたが、その存在は最近明らかになったわけではない。現在の先進国では、食卓で味わうために雑草を採集することが娯楽になっている。点在するいくつかの少数民族を除き、私たちはもはや、いまも残る田舎の荒野で食料を探し回る狩猟採集民ではない。しかし、宝探しのように、特別な植物を探すことに喜びを見出している。市民菜園や庭の所有者は、栽培している野菜や植物をある程度は管理下にあると感じているらしい。そこで、支配できないものを有害な雑草と考えるのだ。マイケル・ポーランは、食材を狩猟採集すること、森の貴重なキノコを狩ること、そして、私たちを待ちぶせしている命取りの植物の罠に注意することについて述べ、狩猟採集は「洗練され、現実的で、成熟した生活の殻に包まれた私たち人間が、実はなにものなのかを教えてくれる」[19]［『雑食動物のジレンマ』

／ラッセル秀子訳／東洋経済新報社／２００９年」と述べている。野生の雑草を食べることはひとつの楽しみだ。採集者がこのニンニクは野生だと話せば、胸が躍り、新鮮さも強調される。だからこそ雑草採集は革命のように心を奮い立たせる冒険にたとえられるのだろう。

南アフリカは「野生食材」プロジェクトに着手し、地元の植物に限定した有機野菜庭園の普及を手がけている。いうなれば、雑草栽培の庭だ。長年忘れ去られていたコイサン族の採集植物が、西ケープ州のフランシュフック近くにあるショーン・シューマンのレストランで提供されている。[20] シューマンの近い先祖が移動狩猟採集民としてこうした植物を口にしていたのだろう。雑草がキッチンで果たす役目はさておき、彼はレモン風味のブッコノキの葉、ラムソン、ツァンマスイカやマカタンスイカ、ナタールプラムが「異なる文化の橋渡しを担い、南アフリカ人の力になってくれるはずだ。これまで以上に相手を理解するだけでなく、自分たちの財産に誇りを持ってほしい」と強い期待を寄せている。[21] これは、雑草を食べることに価値を感じている多くの人の心の叫びだ。

第7章　野生的な雑草庭園

東京の皇居外苑を訪れたとき、私は驚いた。年配の日本人観光グループが、手入れの行き届いた砂利道から顔を出している雑草のクローズアップ写真を撮っていたのだ。彼らはイヌビエの尖った先端をじっと見つめていた。高さは3センチくらいだっただろうか。つるつるした葉は緑色で、根元は赤みを帯びていた。出たばかりの葉はまだ細く丸まっていて、表も裏も艶があった。観光客が眺めていたので、つられて細部に目がいった。私がイヌビエを知っていたのは、単に当時住んでいた町に生えていたからだ。その町に田んぼがあり、近所の人たちが入念に手入れをしていた。まるで、ロンドン周辺諸州のホームカウンティにある、このうえなく素晴らしいバラ園を扱うように。この雑草は田んぼでは憎き敵だと聞いていたので、私は名前を調べ［英名はバーンヤードグラス。「納屋の庭の草」の意］、世界中に生えていることを知った。イヌビエは第4章でも触れた雑草で、コメを育てる水田の厄介者だが、陸地でもすくすく生長する。

私が住んでいた日本の田舎町では、年配の女性が、じめじめした夏のあいだずっと、晴れの日も雨の日も、背中を丸め、カエルの合唱をBGMにして、平たい円錐形の麦わら帽子「菅笠」をかぶり、長い時間をかけて自分の土地の雑草を抜いていた。経済的な必要に迫られてコメを栽培しているようには思えなかった。女性が数人集まって、新鮮な食材を育てながら大切な交流のひとときを過ごしていたのだろう。おそらく、若き日を思い出し、自分たちと土地の絆を肌で感じ取っていたのだ。

しかし、あの日の観光客にとっては、一生にいちどかもしれない自国の首都への訪問中、この有害な雑草が価値のある記念品に映っていた。「小さきものにも意義あり」だ。ちょっとした雑草にも奥深い意味が宿る。そう考えると、もはや雑草を軽視できない。雑草はいきいきと生長し、ただシンプルに彼らに故郷を思い出させたのだ。それでもやはり私には疑問が残った。雑草が種子を撒き散らして蔓延するのをそのまま見逃してもいいのだろうか。来春は皇居の庭師が駆り出され、驚くほど広がってしまったイヌビエを根絶しようと、小さな鍬を手に除草作業に追われているかもしれない。

人の手を入れず、自然のまま放置する庭がふたたび流行し始めている。科学技術が進歩し、雑草のない庭を手に入れられる可能性が出てきたとたん、今度は、それではさみしいという概念が生まれた。雑草が生えないと物足りないのだ。ここで暗に提起される問題がある。もし汗水たらして除草作業をしなかったら、庭はさらに美しく心地よい場所になるのだろうか？　19世紀、イギリスに影響を与えた園芸作家ジェームズ・シャーリー・ヒバードは持論をまとめ、庭師たちは団結してこうした手抜きと戦わねばならないと断言した。「ガーデニングは、程度の差こそあれ、つねに自然との戦いである」。庭は手入れしてこそ庭なのだ、という意見もあれば、手つかずの自然を残したいという望みも根強く残っている。後者は、庭をできるだけそのまま放置し、悪影響をおよぼす植物、とりわけ厄介な雑草だけ取り除こうという考えかただ。マイケル・ポーランは生態学的な背景を考慮し、有用な雑草の名前にカギカッコを付けたが、そのカッコのついていない雑草だけを駆除するのだ。[1] こうした庭は本来の自然な庭なのか？　それとも「自然な」庭なのか？　植物がまっすぐに並び、きちんとレイアウトされ、生け垣が綺麗に刈り込まれている庭なら、ひと目でデザインされているとわかるが、自然を残す庭はそれよりも入念に手をかけなければならないのではないだろうか？

　野生を取り入れ、かつ、管理もできる野生庭園という概念を最初に打ち出したのは、アイルランドの園芸家であり作家でもあるウィリアム・ロビンソンだった。著書『野生の庭園 *The Wild Garden*』（1870年）で世に多大な影響を与え、雑誌「庭園」（1872年）では次のように持論を展開している。

> ある女性投稿者から、「野生の庭という言葉を初めて耳にしたのですが、どんな庭ですか？」という質問をいただきました。野生の庭とは我々が手がけている庭で、草刈りも、土慣らしも、刈り込みも、区画整理もしません。野生の庭造りとは、単に雑草やイバラを耐寒性のある美しい植物として扱うだけです。雑草やイバラはあらゆる国の土地で、かなりの範囲にわたって地表を覆っています……雑草ではなく観賞用になり、耐寒性も備え、元気に生い茂る外来種は少

野菜畑で雑草を抜く女性。カミーユ・ピサロ。「エラニーにある芸術家の庭」。1898年。

なくとも500種にのぼり……さほど管理していない趣味の庭でも十分に育ちます。[2]

アイルランドにある公爵の邸宅クラッグモア・ハウスの整形式庭園や、のちにバリーキルカヴァン醸造所で庭師として腕を磨いたロビンソンは、19世紀の定番となっていた植栽を廃止するよう訴えた。彼にとっては手間がかかりすぎるうえ、ぞっとするほど派手な仕上がりになるからだ。彼が植えたのは地元の野生種だけでなく、海外の旅先で出会った、異なる環境下に移して放っておいても力強く生長する美しい植物だった。たとえば、風にさらされる乾燥地帯には、スイスやイタリアのアルプスで観察してきた自生の高山植物をすすめた。こうして外来種にも扉を開き、さらに、配慮が足りなかったのだろう、ロビンソンは日本のイタドリやバイカルハナウドを熱心に宣伝した。いかにもデザインした庭園には見えないようにし、神が創った本来の自然に近づける工夫をした。在来種だろうと外来種だろうと、以前は積極的に駆除されていた植物に覆われると庭に統一感が生まれる。しっかり計算して植えれば、当初あった雑草が蔓延することはない。弱々しい雑草や小枝なら許容範囲だった。

ほとんどの人にとって、可憐な野草はどんな庭園の植物より魅力的に見える。無料だし、自分で自分の世話をするし、それまで他の雑草と戦わなければならず、そして勝ってきた。庭の雑草は放っておけば、たちまちほとんど姿を見せなくなる。おまけに、野草の周りにはとても優雅な野生の小枝が伸びているのだ。[3]

さまざまな雑草の侵略種が繁茂してしまった原因としてあげられるのは、輸入種への興味や新種を栽培したいという競争意識だ。「植物学者は、すでに知っている属の亜種より、発見した国や探検した国から入ってきたありふれた雑草を受け入れたがる」[4]

イギリスの庭園デザイナー、ガートルード・ジェキルは絵に描いたような色とりどりの花壇で有名で、「夏の花壇は土なんか見えたらいけない」という信念を持っていて、自分のパレットにふさわしい植物ならなんでも歓迎した。自分がデザインした微妙な色合いを、偶然そうなったかのように見せる工夫も凝らした。「土がどんなに乾燥していても、むき出しでも、醜くても、美しくて喜

ガートルード・ジェキルが復活させたアプトン・グレイの庭園。整形式庭園らしい一部。計画された野生を見晴らして。

びあふれる庭に変身させられないお庭なんてないのよ」[5]。ハンプシャー州アプトン・グレイにあるマナー・ハウス［中世の荘園領主の邸宅］の庭園は、1908年、ジェキルが最初に植栽し、現在、一見したところなんの努力もせずに壮観な景色を維持している。手つかずの自然を思わせる森林もあり、草や野生の花にまじって春の球根花があちこちに咲いている。牧草地は草花を刈った小道が伸びており、植物の豊富さが際立つ。しかし、このようにぱっと見て無作為な庭こそ細かな配慮が必要で、手を抜くときわめて耐寒性の強い雑草がたちまちはびこってあたりを覆い尽くしてしまう。飾っていうなら——ここは植物が自由気ままに生えている楽園だ。

ごく最近の野生庭園では、昆虫のハチやハナアブ、小さな哺乳類、両生類を呼び寄せる工夫をしており、まるで人間がいなければ自然の秩序が整うかのようだ。雑誌『ヴォーグ』ではやりの現

ジャン・バティスト・ウードリーによるスケッチ。ギーズ公の城内、放棄されて雑草が生い茂る庭。フランス、アルクイユ。1744 ～ 47年頃。前景で雑草が伸び放題になり、憂鬱感を漂わせている。

代的な庭を「植物が生い茂っているというよりも手を入れていない庭」だと定義している。注目されたジェキルは植物を雑草のように見せたいと主張した。「私は植物たちに、ふたたび野生に帰りなさいと教えているのよ」。彼女のいう野生には遊び心が含まれている。「みんな雑草になればいいわ。だって、あれもこれも世界のどこかでは雑草なんだから[6]」

現在、雑草の生命力を、絶滅に瀕している動植物を保護・再生する手段とみなすことに関心が集まっている。いま雑草とされている植物は人工の環境下でも生きながらえてきた。こうした植物は人間の支配から離れても野生で育つだろう。そこでは雑草と呼ばれることもなく、希少で繊細な植物と違って元気に生長し、雑草の特徴を保持するはずだ。多くの雑草が生き残るのは、単に人間が農業やガーデニング、また、都市の微気候［局所的に異なる天気］を介して、繁茂できる環境を与

荒野を走る草道に咲くルリハナガサモドキ。

えてきたからだ。

私たちの生活のなかで、雑草を特定し続けている要素とはなんだろう？　人間が抗生物質にどんどん耐性を持つようになったことに押され、リアルフード運動が起こり、薬草治療がふたたび注目されている。実際にかかわったことがなくても、野生の花が咲く牧草地をイメージするだけで心が安らぐはずだ。自宅の庭、高速道路の路肩、川辺、運河の脇などで雑草をそのまま生い茂らせようという声があがり、農家は少なくとも農地の一区画で除草剤の散布を控えている。有機農法は化学薬品による除草をいっさい禁止しているため、厄介な侵略種は薬品に頼らない昔ながらの方法で慎重に管理しなくてはならない。

世界中の考古学的農業プロジェクトにより、初期の農法が明らかになってきている。アメリカ、ジョージア州ディカーブ郡のリヨン・ファームには、いまも1800年以前の小川沿いの定住地や農法の証拠が残っている。デンマークでは新石器時代の農夫が

ヨハネス・ヤンソンによる「整形式庭園」。1766年。模様を描いた花壇は花ではなく土と砂利で構成され、綺麗に整えた背の低いツゲで囲っている。まるで、手入れした植物でさえ、野生の植物を上回る豪華さは醸し出せないと主張しているようだ。

用いていた古代の方法を詳細まで解明する調査が進行中だ。イギリス、ハンプシャー州のバッサー古代農園プロジェクトでは、農場の一部でトウモロコシ畑に生える雑草を再導入するほか、ノラニンジンやシロザなど、これまで雑草と考えられていた青銅器時代の作物を栽培している。マリ共和国のドゴン族がおこなっている西アフリカの除草法を研究したところ、低コスト、低リスクでできる雑草管理のコツが見えてきた。

除草剤を使用しない農業についてさまざまな情報を得ると、疑問がわいてくる。雑草のない畑は地球の生態系にとってほんとうに最適なのだろうか？　たとえば、EEC（欧州経済共同体）のセットアサイド（休耕）政策は余剰生産削減のための対策だが、集約農業によるダメージを軽減するドミノ効果が出ている。生長の速い雑草を

クロード・モネの「ヴェトゥイユのモネの庭」。1880年。草が伸び放題で、花壇にはヒマワリが所狭しと咲いている。

ロンドンのエレファント・アンド・キャッスルにある主要交差点。ゲリラ・ガーデンの創作者が車の往来とヒマワリを対比させている。

原料とするバイオ燃料の生産が研究され、原油価格の急騰、そしてまちがいなく地球温暖化への対応という観点から、現在、新しいエネルギー資源の提供を模索しているところだ。

都会の屋上緑化運動は、屋上の庭、マンションのバルコニー、さらには、最初から野生動植物の生息場所を組み込んだ緑の壁を提唱している。たまたまそこで育ったかのように見える工夫が凝らされ、生物多様性への関心だけでなく、心理的な恩恵も含まれる。環境保護主義者はゲリラ作戦を支持し、突然、使っていないグラウンドを植物で覆い、一時的ながら違法な庭を造ったり、取り壊したビルの跡地や建設前の空き地を植物で埋めたりしている。こうした庭はたいてい都市に忽然と現れ、トマト、サヤインゲン、マリーゴールド、背の高いヒマワリが並んでいる。もう、なんでもあり、だ。ゲリラ・ガーデンは

アメリカ、サウスダコタ州シャノン郡の開けたハイウェイに並ぶタンブルウィード［回転草。風に吹かれて地面を転がる枯れ草の塊］。1940年。

ニュージーランドのオークランド、イタリアのボローニャ、ポーランドのルブリン、オーストリアのグラーツなど、例をあげればきりがなく、先進国のあちこちに出没している。

ロンドンのエレファント・アンド・キャッスルはブルータリズム［素材をそのまま使用して荒々しいイメージを出す建築様式］の無骨な建築物が並ぶ地区で、交通量が非常に多い交差点の安全地帯に、突如、庭園が現れた。また、ニューヨーク、ウエストサイドの鉄道沿いにあるハイラインは市が支援する公園になりつつある。「電車が走らなくなってから25年、使わない線路で勝手に育つ植物の光景に鼓舞された」のだ。[7] このうねった緑の道を作る素材に選ばれたのは、耐寒性と持久性がある植物、つまり雑草だ。ソラマメ属、トウワタ、ハクサンフウロ、トウダイグサ、スマック、ヒソップ、ミソハギ。どれもが確固たる雑草である。

トモシリソウの水薬が入った薬屋の瓶。壊血病や結核性頸部リンパ節炎の治療に使われた。

雑草がはびこった市民菜園。放っておけば一気に野生地に戻る。

環境保護主義者の多くは、道路脇や中央分離帯に生える雑草を放っておくか、種子を作ったあと適切な時期に刈り取れば、幅広い野生種のために多くの安全な生息地を提供できると主張している。イギリスなら道路脇だけで何千ヘクタールも確保できる。国の機関は、道路に雑草が生い茂るとだらしなく見えるのみならず、通過する運転手の視界が悪くなり、事故を引き起こすことが懸念されると反論したが、この点は道路にはみ出す部分を刈り取ることで解決した。こうした植物の帯は、局所的な微気候を生み出すことがある。種子は容易に飛び散り、通過する車が起こす風によって運ばれる。ハイウェイは荒地のほか、人間が造ったあらゆる建築物、農地、工場、郊外、都市部を縫うように走っているのだ。ケンブリッジ大学のブログによると、通常、塩沼や海岸など塩分濃度の高い地で育つトモシリソウが内陸の道端で元気に育っているという。[8]冬に多量の砂を撒くと、トモシリソウが繁茂するのに最適な塩分濃度になるらしい。トモシリソウはキャベツの仲間で、食材になり、ビタミンCを豊富に含む。長い航海に出る水兵の健康にとって重要な栄養源なので、英名はスカヴィーグラス（壊血病の草）［壊血病はビタミンCの不足から起こる出血性疾患］という。残念ながら、味はぴりっとして刺激が強く、生息地が道端で一酸化炭素と排気ガスを浴びているため、食材としては敬遠されている。

都市のヒートアイランド現象は、植物による緑のカーテンが減っているため悪化するいっぽうだ。以前、郊外の前庭だった場所も最近はアスファルトの駐車場になり、硬くて反射する地表が多く、太陽熱を倍増する。白い屋根や舗道などの硬い表面は建築面積のアルベド［太陽光を反射する率］を上昇させるため、各地のゲリラ・ガーデン計画のように可能なかぎり緑地を増やさなくてはなら

「壊れやすい未来」シリーズのシャンデリア。スタジオ・ドリフトのロンネケ・ゴルダインとラルフ・ナウタの作品。2011年。タンポポの種子を、リン青銅、電子機器、LED、プレキシガラスといった光のテクノロジーを駆使した素材と組み合わせている。

ない。カナダのような比較的寒い国でも、極端なオーバーヒートによって死者が出た場合にはこうした戦略が推奨されている。

問題は、地球温暖化や地球上を往来する旅行を介して病気が拡散し、動植物が絶滅の危機に瀕するかどうかだ。動植物の種《しゅ》が減り続けているという事実は、シバムギ、タンポポ、イワミツバや、ネズミ、ゴキブリ、ハト……そしてそれにすがるほかない人間しか生き残れない世界の到来を予兆している。この黙示録のような見解によれば、「生き延びる種《しゅ》は、雑草のようにたちまち再生し、ほぼどんな環境でも生きていける」[9]。生き残るには、「戦士、万能選手、楽観主義者」でなければならない。ディヴィッド・クアメンは、おそらく完全なる絶滅は免れるだろうと予測した。新しいエデンの園では新種の見慣れない植物が青々と生い茂り、ホモサピエンスも変身していて、「素晴らしい森が素晴らしい獣でふたたびいっぱいになる。いい知らせではないか！」[10]。素晴らしい獣とはまさに皮肉で、まだわからない未来の人間の姿を暗示している。いいかえれば、現在の人類が死に絶え、愛しきヒトが再生する、ということだ。

雑草の原点に立ち戻ってみよう。除草には細部までこだわる注意力が必要になる。さもないと大切な植物を抜いてしまうかもしれない。こうした作業にひたすら集中すれば新たな温床が生まれ、人類が繁栄する基礎準備が整う。アメリカの一部の農場では、いうまでもなく収入を増やすために、新たなビジネス「雑草デート」を企画運営している。アイダホ州のアースリー・ディライツ農場は除草作業のピーク時に独身の男女を呼び集め、レタス、イチゴ、トマトの苗にまじって、ときどき愛の花を咲かせている。

そう、デートは雑草取りにも役立っているのだ。

終章　雑草との共生

雑草とはなんだろう?と尋ねると、たいていは、雑草とは単なる相関的な概念だからもっぱら状況による、と返ってくる。これは正しくもあり、正しくもない。なかには支配力が非常に強い雑草もあるので、雑草は至上主義者であり、どんな状況でも雑草は雑草なのかもしれない。いっぽう、雑草はクリシェ（ありふれたいいまわし）としても使われてきた。「生まれつきの雑草などないし、そういう種《しゅ》も存在しない。庭師が邪魔だと感じたときだけ、そのときだけ、雑草になるのだ。タンポポを根こそぎ抜く人もいれば、スープに入れて飲む人もいるのだから」[1]

それでもなお……この理論をさらに裏返せば——つまり、元に戻せば——クリシェは実際にこの世の真実を伝えているからクリシェなのだ。図星のクリシェは、猛毒を持つ雑草のように認識しやすい。人間は雑草を好まないだろうが、存在することはわかっている。雑草のなかの雑草が雑草たる所以《ゆえん》は、ごく普通の環境で雑草らしさを備えているからだ。

私は一般に雑草とされる植物とはあまりかかわってこなかったので、用途、利点、欠点を調べて

小さくとも頑強なひと株の雑草。

きた。雑草と野草を一緒くたにしていたのは、違いがはっきりと定まらなかったからだ。野草は雑草になり、大切な植物になり、また雑草に戻る。自分の庭のなかだけでも、たったワンシーズンでも。

アリス・スタームのいう「ひとり農業」は、植物、とりわけ雑草と共生する試みの神髄だ。私たちは植物や雑草を自分の思うままに強制し、仕向け、ねじ曲げている。「しかし、これは創造の行為ではない[2]」。雑草は人間とは別の存在であり、支配しようとする私たちの指図は受けないのだ。

謝辞

ケイ・アボイティス、ドロシー・バンク、ジュディス・ブロンクハースト、ブリジット・ドールド、パトリック・ドアティ、ピーター・エドワーズ、ジョシー・フロイド、キュー・ガーデン・ライブラリーのアン・グリフィン、「国境なきゾウ」のケリー・ランデン、マイケル・ランディ、ナショナル・アート・ライブラリー、オリバー・リーマン、レスリー・マニング、ジェオイ・モア、ジャック・ニムキ、エリ・レスヴァニス、guerrillagardening.org のリチャード・レイノルズ、ロザムンド・ウォリンガー、大英博物館アジア支部、大英図書館、ウェルカム図書館、王立植物園、キュー図書館、ロンドンのリンドリー図書館、王立園芸協会、ヴィクトリア&アルバート博物館、庭園博物館、そして、編集を担当してくれたマーシャ・ジェイとマイケル・リーマンに、感謝申し上げる。

訳者あとがき

本書『雑草の文化誌』はイギリスのReaction Booksより刊行されているBotanicalシリーズの一冊だ。このシリーズは、植物を、歴史や文化、人間との共生といった側面からアプローチしており、原書房から「花と木の図書館」として刊行が続いている。関心があるかたはぜひ既刊も手に取ってみてほしい。

本書を訳しはじめてから、視線の先が変わった。外に出るたび、いままでとは違う草花が目に入ってくるようになった。以前もアスファルトの割れ目で咲いているタンポポを写真に収めたり、子供のころ摘んだ草花を探したりしたことはあったが、たいていは家庭の庭で手入れされた華やかなバラや、公園で規則正しく並んでいる色とりどりのチューリップを眺めていた。つい先日、汚れた小川の縁で伸びている草が目に留まった。背丈はゆうに1メートル以上、除草を免れ、堂々と生い茂っていた。たくましい生命力。久しぶりに本来の自然を感じた。

雑草を扱った書籍は数多くあるが、図鑑や除草の手引き書がそのほとんどを占める。そんななか本書は雑草を正統な植物として扱っており、冷静に客観視しながらも大切にしたいと願う切り口が新鮮に感じられた。

著者がいうとおり、植物に雑草という種属は存在しない。日本にも昭和天皇の逸話が残っている。天皇は、自身の留守中に庭の草を刈った侍従長に対し、植物学の父、牧野富太郎の言葉「雑草という名の草はない」を引用して、草花への思いを伝えたという。雑草という草はないし、どんな植物にも名前があってそれぞれ生を営んでいるのだから、人間の一方的な考えかたで雑草と決めつけてはいけない、と諭したのだ。ちなみに、牧野は本書に出てくるオオイヌノフグリの名づけ親でもある。

思い返せば、幼いころはよく雑草で遊んだものだ。シロツメクサ（クローバー）の四つ葉を探したり、白い花で冠を編んだり。ペンペングサ（ナズナ）で音を鳴らしたり。メヒシバ（いままで名前を知らなかった）で傘を作ったり。本書には出てこなかったが、ネコジャラシ（エノコログサ）でネコをくすぐってみたり。訳出で調べものをするさいに借りた雑草事典には、最近姿を消し、忘れかけていた草花がいくつも載っていて、年月の流れを痛感した。かわいらしいピンクの花が好きだったネジリンボ（ネジバナ）は近所で探してもとうとう見つからなかった。それでも、たしかに、昔見た草花の一部はいまも変わらず生えている。ただただ、懐かしくなった。閑話休題、本書で「菅笠《すげがさ》」（よくある麦わら帽子とは違う）が出てくるが、さすがにこのあたりではもう見ないだろうと思っていたら、このあいだ、庭いじりの格好をして菅笠をかぶっている老爺とすれ違った。家庭菜園で野菜でも育てているのだろう。これも、視点が変わったからこそ気づいたことかもしれない。

著者の故郷イギリスでは「雑草」という比喩には正反対となるふたつの意味があり、「ひょろひょろした弱々しさ」と「逆境に負けないタフさ」を表すようだ。日本では「雑草魂」という言葉があるように後者の印象が強い。なにがあってもへこたれない精神力。日本人には受け入れやすい象徴ではないだろうか。

植物は世界各地で生息している。同種でも地域、時代、環境によって特徴がいくぶん異なる場合があり、さらに、通称の違うものが同種だったり、複数の通称を持つものがあったりと、正確に特定するのは難しい。本書では英名に相当する和名や呼称があるものはそれを充て、ないものは英名や学名をそのまま用いた。詳しい情報は書籍やネット上で容易に入手できる。なお、食材として植物を採集するさいは、多くの資料や専門家にあたるなどしてごくごく慎重に対処してほしい。

生態系を脅かす環境問題は奥が深く、雑草問題ひとつとっても、どうあるべきなのか、正解には辿り着かない。自分の意見すら揺れてしまう。むろん、環境など一個人で動かせるものではないが、たった一冊の本に接するだけで意識が変わったことは事実だ。

「雑草」と呼ばれる草花も大事に扱ってほしい――こんな思いは農業やガーデニングを考えると勝手なエゴだが、雑草の駆除法ではなく活用法の研究が進めば心が温まるし、本書を機に、多くのかたにこれまでと少しでも違う感性を持っていただけたらと願っている。日ごろ通る道や散歩コースで、道端の草花に目を向けてみてはいかがだろうか。長いこと気にも留めなかった緑色のつややかな葉、必死に生きようとしている可憐な花がいっぱい見つかるにちがいない。そんなひとときにはきっと小さな幸せが隠れている。

最後になりましたが、原書房の善元温子様には拙訳を仔細にチェックして的確な御指摘をいただき、また、オフィス・スズキの鈴木由紀子様にはいつものように丁寧な御教示、励みとなる御言葉をいただきました。心から深謝申し上げます。

２０２２年　記録的猛暑の夏に

内田智穂子

写真ならびに図版への謝辞

著者ならびに出版社より、以下の図版の提供と掲載を許可していただいたことに感謝申し上げる。

© The Trustees of the British Museum, London: pp. 9, 39, 49, 81, 87 bottom; Patrick Dougherty: pp. 96, 97; Nina Edwards: pp. 58, 63, 68, 135, 138, 195, 211, 218, 220, 223, 226, 232; The J. Paul Getty Museum / The Getty, Los Angeles: pp. 20, 55, 61, 84, 124, 127, 219, 221; Michael Landy: p. 103; Library of Congress, Washington, DC: pp. 31, 66, 130, 134, 142, 198, 224; Lesley Manning: pp. 4, 13, 14, 28, 46, 82, 113, 115, 120, 122, 145, 148, 155, 210; National Gallery of Art, Washington, DC: pp. 8, 32 bottom, 47, 216, 222; National Library of Medicine, Betheseda: pp. 19, 128, 137, 157, 164, 169, 170, 176, 178, 190; Jacques Nimki: pp. 99, 102, 194; Royal Collection Trust, Windsor: p. 74 top; Danuta Solowiej: p. 92; Victoria & Albert Museum, London: pp. 15, 24, 29, 32 top, 38, 48, 50, 52, 54, 61, 74, 89, 106, 110, 129, 160, 196, 208; Wellcome Images, London: pp. 16, 36, 42, 56, 72, 104, 114, 121, 154, 156, 162, 163, 165, 173, 175, 181, 183, 185, 188, 189, 192, 202, 203, 206, 225.

参考文献

Adam, Hans Christian, *Karl Blossfeldt, 1865–1932* (Cologne, 2001)

Anderson, Rohan, *Whole Larder Love* (New York, 2012)

Berry, Wendell, *The Art of the Commonplace: The Agrarian Essays of Wendell Berry* (Berkeley, CA, 2004) [ウェンデル・ベリー／『ウェンデル・ベリーの環境思想』／加藤貞通訳／昭和堂／2008年]

Booth, B. D., S. D. Murphy and C. J. Swanton, *Weed Ecology in Natural and Agricultural Systems* (London, 2003)

Bronkhurst, Judith, *William Holman Hunt: A Catalogue Raisonné* (London, 2006)

Chamovitz, Daniel, *What a Plant Knows: A Field Guide to the Senses of Your Garden and Beyond* (London, 2013) [ダニエル・チャモヴィッツ／『植物はそこまで知っている』／矢野真千子訳／河出書房新社／2013年]

Chatto, Beth, *Woodland Gardens* (London, 2002)

Colquhoun, Jed B., 'Allelopathy in Weeds and Crops: Myths and Facts', www.soils.wisc.edu (2006)

De Bray, Lys, *The Wild Garden: An Illustrated Guide to Weeds* (London, 1978)

Edmonds, William, *Weeds, Weeding (& Darwin): The Gardeners' Guide* (London, 2013)

Elmer, Peter, ed., *The Healing Arts: Health, Disease and Society in Europe, 1500–1800* (Manchester, 2014)

Evans, Clinton Lorne, *Weeds in the Prairie West: An Environmental History* (Calgary, 2002)

Flowerdew, Bob, *Go Organic!* (London, 2002)

Gibbons, Euell, *Stalking the Wild Asparagus* (Chambersburg, PA, 1962)

Gorji, Mina, 'John Clare's Weeds', in John Rignall and H. Gustav Klaus, eds, *Ecology and the Literature of the British Left: The Red and the Green* (Farnham, 2012)

Gressel, Jonathan, ed., *Crop Ferality and Volunteerism* (London, 2005)

Haragan, Patricia Dalton, *Weeds of Kentucky and Adjacent States* (Lexington, KY, 1953)

Harland, Gail, *The Weeder's Digest: Identifying and Enjoying Edible Weeds* (Totnes, 2012)

Hepper, F. Nigel, *Pharaoh's Flowers: The Botanical Treasures of Tutankhamun* (London, 1990)

Holladay, Harriett McDonald, *Kentucky Wildflowers* (Lexington, KY, 1956)

Inderjit, S., ed., *Weed Biology and Management* (Dordrecht, 2004)
Jekyll, Gertrude, *Home and Garden: Notes and Thoughts, Practical and Critical, of a Worker in Both* [1890] (Cambridge, 2011)
Jenyns, Rev. Leonard, *Memoir of the Rev. John Stevens Henslow, Late Rector of Hitcham and Professor of Botany in the University of Cambridge* [1862] (Cambridge, 2011)
Jones, Pamela, *Just Weeds: History, Myths and Uses* (Boston, MA, 1994)
Kallas, John, *Edible Wild Plants: Wild Foods from Dirt to Plate* (Layton, UT, 2010)
Kalm, Pehr, *Pehr Kalm's Visit to England, On His Way to America in 1748*, trans. Joseph Lucas (London, 1892)
Kochin, Michael S., 'Weeds: Cultivating the Imagination in Medieval Arabic Political Theology', *Journal of the History of Ideas*, LX/3 (July 1999), pp. 399–416
Korres, Nicholas E., *Encyclopaedic Dictionary of Weed Science: Theory and Digest* (Andover, 2005)
Laws, Bill, *Fifty Plants that Changed the Course of History* (New York, 2011)［ビル・ローズ／『図説 世界史を変えた50の植物』／柴田譲治訳／原書房／2012年］
Lee, Richard, *The !Kung San: Men, Women and Work in a Foraging Society* (Cambridge, 1979)
Livio, Mario, *Brilliant Blunders: From Darwin to Einstein – Colossal Mistakes by Great Scientists that Changed our Understanding of Life and the Universe* (London, 2014)［マリオ・リヴィオ／『偉大なる失敗』／千葉敏生訳／早川書房／2015年］
Mabey, Richard, *Food for Free* [1972] (London, 2012)
—, *Weeds: The Story of Outlaw Plants* (London, 2010)
McClean, Teresa, *Medieval English Gardens* (London, 1981)
Mahood, M. M., *The Poet as Botanist* (Cambridge, 2008)
Negbi, Moshe, 'A Sweetmeat Plant, a Perfume Plant and their Weedy Relatives: A Chapter in the History of Cyperus esculentus L. and C. rotundus L.', *Economic Botany*, XLVI/1 (1992), pp. 64–71
Newton, John, *The Roots of Civilisation: Plants that Changed the World* (London, 2009)
Peacock, Paul, *The Pocket Guide to Wild Food* (Preston, 2008)
Pfeiffer, Ehrenfried, *Weeds and What They Tell Us* (London, 2012)
Phillips, Roger et al., *Garden and Field Weeds* (London, 1986)
Pochin, Eric, *A Nature Lover's Note Book* (Leicester, 1944)
Pollan, Michael, *The Omnivore's Dilemma* (New York, 2007)［マイケル・ポーラン／『雑食動物のジレンマ』／ラッセル秀子訳／東洋経済新報社／2009年］

Preston, C. D., D. A. Pearman and T. D. Dines, *New Atlas of the British and Irish Flora: An Atlas of the Vascular Plants of Britain, Ireland, The Isle of Man and the Channel Islands* (Oxford, 2002)
Raven, J. E., and Faith Raven, *Plants and Plant Lore in Ancient Greece* (Oxford, 2000)
Readman, Jo, *Weeds: How to Control and Love Them* (London, 1991)
Robinson, William, *The Wild Garden: Or, Our Groves and Shrubberies Made Beautiful* [1870] (Cork, 2010)
Rose, Francis, *The Observer's Book of Wild Flowers* (London, 1983)
Rose, Graham, *The Traditional Garden Book* (London, 1993)
Ruskin, John, and Clive Wilmer, *Unto This Last and Other Writings* (London, 1985)
Shannon, Nomi, *The Raw Gourmet* (Burnaby, BC, 2007)
Spencer, Edwin Rollin, *All About Weeds* (New York, 2011)
Stein, Sara B., *My Weeds: A Gardener's Botany* (Gainsville, FL, 2000)
Sterling, Dorothy, Robert Finch and Winifred Lubell, *The Outer Lands* (New York, 1992)
Stewart, Amy, *Wicked Plants: The Weed that Killed Lincoln's Mother and Other Botanical Atrocities* (Chapel Hill, NC, 2009)［エイミー・スチュワート『邪悪な植物』山形浩生監訳／守岡桜訳／朝日出版社／ 2012年］
Sturm, Alice, 'Weeds', *Hypocrite Reader*, 17 (June 2012)
Thayer, Samuel, *The Forager's Harvest: A Guide to Identifying, Harvesting and Preparing Edible Wild Plants* (Ogema, WI, 2006)
Walker, Barbara M., *The Little House Cookbook: Frontier Foods from Laura Ingalls Wilder's Classic Stories* (New York, 1989)
Watson, Bob, *Plants: Their Use, Management, Cultivation and Biology* (Ramsbury, Wiltshire, 2008)
Weber, E., *Invasive Plant Species of the World: A Reference Guide to Environmental Weeds* (London, 2003)
Whitfield, Roderick, *Fascination of Nature: Plants and Insects in Chinese Paintings and Ceramics of the Yuan Dynasty (1279–1368)* (London, 1986)
Wilkinson, Lady, *Weeds and Wild Flowers: Their Uses, Legends and Literature* (London, 1858)
Willes, Margaret, *The Gardens of the British Working Class* (New Haven, CT, 2014)
Zimdahl, Robert L., *Weed-crop Competition: A Review* (Oxford, 2004)
—, *Weed Science: A Plea for Though – Revisited* (London, 2012)

年表

紀元前3500年頃	新石器時代の土地にセイヨウヒルガオやケシなど一般的な雑草が存在した証拠がある。
紀元前2800年頃	神農が『本草経』を執筆。おもに植物エキスの調合を記す。
紀元前2500～1450年頃	ギリシアのクレタ島で古代ミノア文明のフレスコ画にイラクサなどの雑草が描かれる。
紀元前2500～800年頃	古代エジプトの墓地に雑草を駆除および利用していた証拠がある。
紀元前370～287年	ギリシアの博物学者、植物学の父、テオプラストス生没。雑草の持つアレロパシー（他感作用）に注目する。
紀元前300～260年頃	ギリシアの詩人テオクリトスがさまざまな野生種を含む87種の植物を記録。
23～79年	ローマの博物学者大プリニウス生没。著書『博物誌』［中野定雄ほか訳／雄山閣／2021年］は知識の宝庫で、食材にした植物も含め子細にわたり解説。
50～70年	ディオスコリデスが『薬物誌』［岸本良彦訳／八坂書房／2022年］を執筆し、薬用に適した植物を解説。ローマ軍が主要教本として取り入れ、1500年代まで重要な実用書となる。
70～90年頃	マタイによる福音書に良質の種子とドクムギの寓話が記される。
129～216年	ギリシアの医学者、ペルガモンのガレノス生没。小作農が薬草および食材として利用していた植物に関心を示す。
140年頃	アプレイウスがベリー・セント・エドマンズ修道院で『本草書 *Herbarium Apuleii Platonici*』を制作。現存する壁の一部には雑草が生えている。
1098～1179年	ドイツの哲学者、神秘家、博物学者、聖ヒルデガルトが自然界の薬について記録書2冊を執筆。
1481年	2世紀にアプレイウスが記した『本草書』が挿絵付きで印刷出版される。中世でもっとも広く利用された療法書。
1557年	トーマス・タッサーが『効率のよい農業のための500のポイント *Five Hundred Points of Good Husbandry*』――除草を

	含む田舎の慣習を記した暦――を制作。
1597年	イギリスの外科医兼薬剤師ジョン・ジェラードが、フランドルの植物学者、医師レンベルトゥス・ドドネウスの作品（1554年）をもとに『本草書 *Herbal*』を出版。
1629年	イギリスの薬草学者ジョン・パーキンソンが『日のあたる楽園、地上の楽園 *Paradisi in Sole Paradisus*』を出版。植物の栽培について解説する。
1640年	ジョン・パーキンソンが植物とその薬効についての論文『植物の劇場 *Theatrum Botanicum*』を出版。
1653年	イギリスの薬剤師、兼薬草学者ニコラス・カルペパーが『ハーブ事典』［戸坂藤子訳／パンローリング／2015年］を出版。
1753年	スウェーデンの博物学者カール・リンネが『植物種誌 *Species Plantarum*』を出版。違う植物に同じ名前を付けぬよう、ラテン語による二名法を確立する。
1790年代	西洋で農業の機械化が進む。
1821～1897年	ドイツの薬草学者セバスチャン・クナイプ生没。自然療法医学を提唱。
1857年	チャールズ・ダーウィンがケント州にある自宅ダウンハウスの庭で雑草を観察。
1859年	ダーウィンの『種の起源 *On the Origin of Species*』が出版される。
1860年代	ジョン・ラスキンが「雑草は道理から外れたものだ」という見解を発表。
1914～1918年	西部戦線にある塹壕の泥地で雑草が育つ。
1940～1941年	ロンドン大空襲の爆撃地で雑草が繁茂する。
1945年	スイスの聖職者で代替治療や薬草医学を提唱し、世に影響をおよぼしたヨハン・クンツラが『薬草大全 *Das grosse Kräuterheilbuch*』を出版。
1956年	アメリカ雑草科学協会（WSSA）創立。雑草および雑草が環境に与える影響について、知識を普及させるべく活動を開始。
1959年	イギリス雑草法施行。ヒロハギシギシ、ナガハギシギシ、ヤコブボロギク、セイヨウトゲアザミ、アメリカオニアザミの抑制に関する法律。個人の所有地で繁殖させることを

	禁じ、違反者に1000ポンド以下の罰金を科す。
1965／1974年	H・G・ベイカー作、雑草の特徴を見事にまとめたリストが公表される。
1970年代	化学薬品を原料とする農業用除草剤の使用開始。
1974年	雑草の研究および管理を目的とした国際雑草学会が設立される。加入国はヨーロッパ、南北アメリカ、および、アジア太平洋地域諸国。
1986年	遺伝子組み換え作物が初めて試験場で栽培される。
1996年	ヨーロッパを除く各国で除草剤グリホサート耐性作物の栽培が大々的に広まる。
2003年	イギリスでヤコブボロギク管理法が施行される。

注

序章　気まぐれな自然

1　*The Taoist Classics, vol.* Ⅱ *: The Collected Translations of Thomas Cleary* (Boston, MA, 1996), p. 497.

2　Leo Tolstoy, 'The Three Parables', in *The Complete Works of Count Tolstoy* (Bloomington, IN, 1905), vol. XXIII, p. 69.

3　Sabine Durrant, 'I Was Grateful to Her for Dying', *The Guardian* (24 January 2009), 'Family', p. 2.

4　Pranjal Bezbarua et al., 'Management of Invasive Species in Assam, India', 3rd International Symposium on Environmental Weeds and Invasive Plants (Ascona, 2011).

5　Florence Louisa Barclay, *The White Ladies of Worcester: A Romance of the 12th Century* (London, 1917), p. 41.

6　B. R. Trenbath、B. D. Booth et al., *Weed Ecology in Natural and Agricultural Systems* (London, 2003), p. 172に引用。

7　Bruce Osborne et al., 'The Riddle of *Gunnera tinctoria* Invasions', 3rd International Symposium on Environmental Weeds and Invasive Plants (Ascona, 2011).

8　William Little and H. C. Fowler, *The New Shorter Oxford Dictionary on Historical Principles* (Oxford, 1973)、Robert L. Zimdahl, *Weed Science: A Plea for Thought – Revisited* (London, 2012), p. 7に引用。

9　Zachary J. S. Falck, *Weeds: An Environmental History of Metropolitan America* (Pittsburgh, PA, 2011), p. 175.

10　'Tourists Warned of UAE Laws', www.news.bbc.co.uk, 8 February 2008.

11　R. G. Ellis, *Weed Biology and Management*, ed. S. Inderjit (Dordrecht, 2004), p. 1 に引用。最近の詳しい分布については、C. D. Preston et al., *New Atlas of the British and Irish Flora: An Atlas of the Vascu lar Plants of Britain, Ireland, The Isle of Man and the Channel Islands* (Oxford, 2002) を参照されたい。

12　J. A. McNeely, J. O. Luken and J. W. Thieret, *Weed Biology*, ed. Inderjit, p. 2に引用。

13　Rev. Leonard Jenyns, *Memoir of the Rev. John Stevens Henslow, Late Rector of Hit-*

cham and Professor of Botany in the University of Cambridge [1862] (Cambridge, 2011), pp. 182–3.

14 Nicholas E. Korres, *Encyclopaedic Dictionary of Weed Science: Theory and Digest* (Andover, 2005), pp. 648–9.

15 H. G. Baker, 'The Evolution of Weeds', *Annual Review of Ecology, Evolution and Systematics*, V (1974), pp. 1–24.

16 Inderjit, ed., *Weed Biology*, p. 21.

17 B. D. Booth et al., *Weed Ecology*, p. 241.

第1章　雑草とはなにか

1 *The Letters of Horace Walpole, Earl of Orford, including numerous now first published from the original manuscripts, 1778–1797* (London, 1840), vol. VI, p. 57, 10 July 1779.

2 Charles Darwin, *Notebooks on Transmutation of the Species*, ed. Gavin de Beer (London, 1960), October 1838–July 1839 (iv.114). http://darwin-online.org.uk を参照。

3 Teresa McLean, *Medieval English Gardens* (London, 1981), p. 120.

4 Robert L. Zimdahl, *Weed Science: A Plea for Thought – Revisited* (London, 2012), p. 8.

5 John Ruskin, *Sesame and Lilies* (Rockville, MD, 2008), p. 38.［ラスキン／『この最後の者にも・ごまとゆり』収録『ごまとゆり』／木村正身訳／中央公論新社／2008年］

6 J. C. Loudon, Richard Mabey, *Weeds: The Story of Outlaw Plants* (London, 2010), p. 9に引用。

7 J. C. Chacón and S. R. Gliessman, 'Use of "Non-Weed" Concept in Traditional Tropical Agroecosystems of South-Eastern Mexico', in *Agro-Ecosystems*, VIII (1982), pp. 1–11.

8 D. E. De Pietri、Diane Sage et al., 'Effect of Grazing Exclusion on the Woody Weed *Rosa rubiginosa* in High Country Short Tussock Grasslands', *New Zealand Journal of Agricultural Research*, LII (2009), p. 126に引用。

9 Michael Pollan, *A Plant's Eye View*, TED talk, www.ted.com, 20 August 2012.

10 John Roach, '2,000-Year-Old Seed Sprouts, Sapling is Thriving', *National Geographic News*, http://news.nationalgeographic.com, 22 November 2005.

11 Michael Pollan, 'Gardening Means War', *New York Times Magazine* (19 June

1988).

12 W. Hilbigcited, *Weed Biology and Management*, ed. S. Inderjit (Dordrecht, 2004) に引用。

第2章　雑草の歴史

1 Nigel F. Hepper, *Pharaoh's Flowers: The Botanical Treasures of Tutankhamun* (London, 1990), p. 18.

2 J. E. Raven and Faith Raven, *Plants and Plant Lore in Ancient Greece* (Oxford, 2000), p. 26.

3 Al-Farabi, Michael S. Kochin, 'Weeds: Cultivating the Imagination in Medieval Arabic Political Theology', *Journal of the History of Ideas* (1999), pp. 399–416に引用。

4 Ibn Bajjah, *Governance of the Solitary*, in Kochin, 'Weeds', p. 402.

5 Sue Shephard, *The Surprising Life of Constance Spry* (London, 2010)、Joanna Fortnam, 'Society Florist Constance Spry remembered in Mayfair', *The Telegraph* (13 November 2011) に引用。

6 Oliver Leaman、2014年5月20日、著者へのメール。

7 Ralph Waldo Emerson, 'Thoreau', *The Atlantic* (August 1862) に引用。www.theatlantic.com を参照。

8 Henry David Thoreau、Michael Pollan, 'Weeds Are Us', *New York Times* (5 November 1989) に引用。

9 同上。

10 Charles Darwin, *Notebooks on Transmutation of the Species*, ed. Gavin de Beer (London, 1960), October 1838–July 1839 (IV.114). See http://darwin-online.org.uk.

11 ダーウィンからジョセフ・フッカーへの手紙。1857年4月12日。*Darwin's Letters: Collecting Evidence*, www.pbs.org.

12 同上。p. 179.

13 Mario Livio, *Brilliant Blunders: From Darwin to Einstein – Colossal Mistakes by Great Scientists that Changed our Understanding of Life and the Universe* (London, 2014) [マリオ・リヴィオ『偉大なる失敗』/千葉敏生訳/早川書房/2015年]、Freeman Dyson, 'The Case for Blunders', in *New York Review of Books* (6 March 2014) に引用。

14 Gregor Mendel, 'Experiments in Plant Hybridization' (originally Versuche über

Pflanzen-Hybriden), *Journal of the Brünn Natural History Society* (1865), http://esp.org を参照。

15 日本のイタドリ管理法。 www.japaneseknotweedcontrol.com.

16 Jonathan Gressel, *Crop Ferality and Volunteerism* (London, 2005), p. 3.

17 Richard Mabey, *Weeds: The Story of Outlaw Plants* (London, 2010), p. 23.

18 John Gerard、同上に引用。p. 91.

19 John Hersey, *Hiroshima* [1946] (London, 2001), p. 91.［ジョン・ハーシー／『ヒロシマ』／石川欣一ほか訳／法政大学出版局／1949年］

20 Dorothy Sterling et al., *The Outer Lands* (New York, 1992), pp. 63–4.

第3章 イメージと比喩

1 Stella Gibbons, *Cold Comfort Farm* [1932] (London, 2006), p. 32.

2 Charles Seddon Evans, *The Sleeping Beauty* (London, n.d.).

3 St Augustine, Sermon 23 on the New Testament.［聖アウグスティヌス、新約聖書、説教集23］、www.newadvent.org/fathers/160323.htm を参照。

4 Martin Luther, *Martin Luther's Postil* (Macomb, MI, 2012), vol.I, p. 216.

5 John Milton, *Areopagitica: A Speech for the Liberty of Unlicensed Printing to the Parliament of England* (London, 1644). www.gutenberg.org を参照。

6 Martin Luther's *Tischreden, Table Talk*, c. 1532、Julia Hughes-Jones, *The Secret History of Weeds: What Women Need to Know About Their History* (Bradenton, FL, 2009) を参照。

7 M. M. Mahood, *The Poet as Botanist* (Cambridge, 2008), p. 11.

8 Judith Bronkhurst, *William Holman Hunt: A Catalogue Raisonné* (London, 2006), vol. I, p. 153.

9 H. W. Holman, *Pre-Raphaelitism and the Pre-Raphaelite Brotherhood* (London, n.d.), p. 350.

10 Bronkhurst, *William Holman Hunt*, p. 158.

11 Hans Christian Adam, *Karl Blossfeldt, 1865–1932* (Cologne, 2001), p. 26.

12 Richard Mabey, 'The Lowly Weed Has Its Day', *Tate Etc.*, 22 (Summer 2011).

13 同上。

14 David Blayney Brown, 'Draughtsman and Watercolourist', in *J.M.W. Turner: Sketchbooks, Drawings and Watercolours*, ed. Brown, www.tate.org.uk, December 2012.

15 John Ruskin and Clive Wilmer, *Unto This Last and Other Writings* (London,

1985), p. 172.
16 Kathryn Shattuck, 'Leaves Speak; A Journalist Listens', *New York Times* (20 July 2008).
17 Patrick Dougherty、個人的なメール。2014年3月。
18 Hugo Worthy, 'Jacques Nimki: I Want Nature', *Interface*, www.a-n.co.uk、2013年12月11日にアクセス。
19 Jemima Montagu, 'The Art of the Garden', *Tate Etc.*, I (Summer 2004).
20 Louisa Buck, 'Champion of the Urban Weed', *The Art Newspaper* (December 2002) に引用。
21 Ovid、'Aconite Poisoning', http://penelope.uchicago.edu に引用。
22 August Strindberg, *Miss Julie* [1888]、［ヨーハン・アウグスト・ストリンドベリ／『令嬢ジュリー』／内田富夫訳／中央公論事業出版／2005年］、Michael Meyer 翻訳、(London, 1964), 'Pantomime'.
23 Henry David Thoreau, 'The Bean Field', in *Walden: An Annotated Edition*, ed. Walter Harding (New York, 1995).
24 Mina Gorji, 'John Clare's Weeds', in *Ecology and the Literature of the British Left: The Red and the Green*, ed. John Rignall and H. Gustav Klaus (Farnham, 2012), p. 73.
25 Zachary Falck, 'Weeds: An Environmental History of Metropolitan America', *American Historical Review*, CXVII/5 (2012), p. 1619.
26 Hans Christian Andersen, 'The Wild Swans' (1838), in *The Harvard Classics*, www.bartleby.com.
27 Herman Melville, *Billy Budd, Sailor and Selected Tales* (Oxford, 2009), p. 362. ［メルヴィル／『ビリー・バッド』／飯野友幸訳／光文社／2012年］

第4章　不自然な選択：雑草の戦い

1 インド、グジャラート州のジャタントラストが農場での化学薬品使用に反対し、有機農法運動を開始。
2 Jonathan Bate, *John Clare: A Biography* (London, 2003), p. 23.
3 Virgil, *The Georgics*, I、［ウェルギリウス／『牧歌／農耕詩』西洋古典叢書収録／小川正廣訳／京都大学学術出版会／2004年］。A. S. Kline 翻訳 (2002)、'The Beginnings of Agriculture', pp. 118–59. www.poetryin translation.com を参照。
4 Alice Sturm, 'Weeds', *The Hypocrite Reader*, 17, 'Hide and Seek' (June 2012), www.hypocritereader.com.

5 Pehr Kalm, *Pehr Kalm's Visit to England, On His Way to America in 1748*, Joseph Lucas 翻訳 (London, 1892), p. 174.

6 同上。p. 353.

7 Lorne Clinton Evans, *Weeds in the Prairie West: An Environmental History* (Calgary, 2002), p. 30に引用。

8 Jon Tourney, 'Grapegrowers Face Herbicide-resistant Weeds', www.winesandvines.com, 20 June 2011.

9 M. R. Sabbatini et al., 'Vegetation: Environmental Relationships in Irrigation Channel Systems of Southern Argentina', *Aquatic Botany*, 60 (1998), pp. 119–33, and O. A. Fernández et al., 'Interrelationships of Fish and Channel Environmental Conditions with Acquatic Macrophytes in an Argentine Irrigation System', *Hydrobiologia*, 380 (1998), pp. 15–25.

10 S. Inderjit, ed., *Weed Biology and Management* (Dordrecht, 2004), p. 117.

11 Pat Michalak, 'Use Tadpole Shrimps to Control Weeds in Transplanted Paddy Rice', Rodale Institute, www.newfarm.org、2013年12月1日にアクセス。

12 Amy Stewart, *Wicked Plants: The Weed that Killed Lincoln's Mother and Other Botanical Atrocities* (Chapel Hill, NC, 2009), p. 148. [エイミー・スチュワート／『邪悪な植物』／山形浩生監訳／守岡桜訳／朝日出版社／2012年]

13 同上。p. 75。

14 Liz Taylor on BBC Radio 4, *Thinking Allowed* (15 April 2014), 'British Working Class Gardens'.

15 Richard Mabey, *Weeds: The Story of Outlaw Plants* (London, 2010), pp. 65–6に引用。

16 Evans, *Weeds in the Prairie West*, p. 28に引用。

17 Sturm, 'Weeds'.

18 Michael Le Page, 'Unnatural Selection: Wild Weeds Outwit Herbicides', *New Scientist* (May 2011).

19 Daniel Chamovitz, *What a Plant Knows: A Field Guide to the Senses of Your Garden and Beyond* (London, 2013), p. 43. [ダニエル・チャモヴィッツ／『植物はそこまで知っている』／矢野真千子訳／河出書房新社／2013年]

20 Jed B. Colquhoun, 'Allelopathy in Weeds and Crops: Myths and Facts' (2006), www.soils.wisc.edu.

21 Peter J. Bowden in *Agrarian History of England and Wales*, ed. E.J.T. Collins (Cambridge, 2000)、Evans, Weeds in the Prairie West, p. 29に引用。

22 Matt Jenkins, 'Pacific Invasion', *Nature Conservancy* (October 2013), pp. 49–59.
23 同上。p. 58。
24 John Payne, 'Reviewing *Farmerbots: A New Industrial Revolution* by James Mitchell Crow', www.robohub.org, 11 November 2012.
25 Svend Christensen of the Danish Institute of Agricultural Sciences at Tjele、Duncan Graham-Rowe, 'Weedkilling Robots Slash Herbicide Use', *New Scientist* (June 2003) に引用。
26 'Precision Herbicide Drones Launch Strikes on Weeds', *New Scientist* (July 2013).
27 Douglas Buhler of the United States Department of Agriculture, cited in Jonathan Beard, 'How to Let Sleeping Weed Seeds Lie', *New Scientist* (June 1995).
28 Andy Coghlan, 'Weeds Get Boost from gm Crops', *New Scientist* (August 2002).
29 Andy Coghlan, 'Master Gene Helps Weeds Defy All Weedkillers', *New Scientist* (March 2013).
30 Stephanie Pain, 'A Giant Leap for Plantkind', in 'Cuttings: A Round-up of the Latest Plant Science Stories', *Kew Magazine* (Spring 2014).

第5章　役に立つ雑草

1 Kristina Lerman, 'The Life and Works of Hildegard von Bingen, 1098–1179', www.fordham.edu, 15 February 1995に引用。
2 www.botanical.com、2013年12月10日にアクセス。
3 'Camden'、Lady Wilkinson, *Weeds and Wild Flowers: Their Uses, Legends and Literature* (London, 1858), p. 8に引用。
4 Aaron Hill, *Aaron Hill's Works* (London, 1753), vol. IV, p. 92.
5 John Evelyn, *Acetaria: A Discourse of Sallets* (1699), http://gutenberg.org/ebooks, pp. 88–9.
6 Ole Peter Grell, 'Medicine and Religion in Sixteenth Century Europe', in *The Healing Arts: Health, Disease and Society in Europe, 1500–1800*, ed. Peter Elmer (Manchester, 2014), p. 90.
7 Peter Elmer, 'The Care and Cure of Mental Illness', in *The Healing Arts*, ed. Elmer, p. 239.
8 Matthaeus Sylvaticus, a physician of Mantua, in George Don, *A General History of the Dichleamydeous Plants . . . Arranged According to the Natural System* (London, 1838), vol. IV, p. 610.
9 Lady Mildmay、Jennifer Wynne Hellwarth, 'Be Unto Me as a Precious Oint-

ment: Lady Grace Mildmay, Sixteenth-century Female Practitioner', *Acta Hisp. Med. Sci. Hist. Rlus*, 19 (1999), p. 115に引用。http://ddd.uab.cat を参照。

10 'An Approved Conserve for a Cough or Consumption of the Lungs', in Anon., *A Queen's Delight or the Art of Preserving, Conserving and Candying, as also A Right Knowledge of Making Perfumes, and Distilling the Most Excellent Waters* [1671]. http://gutenberg.org/ebooks/15019を参照。

11 'Conserves of Violets, the Italian Manner'、同上。

12 'South African Geranium Root may Kill HIV-I', www.financialexpress.com, 31 January 2014.

13 J. E. Raven and Faith Raven, *Plants and Plant Lore in Ancient Greece* (Oxford, 2000), p. 34.

14 John Gerard、D. C. *Watts, Dictionary of Plant Lore* (Philadelphia, PA , 2007), p. 171に引用。

15 John Gerard、'Goutweed', www.botanical.com に引用。2013年1月13日にアクセス。

16 *Lacnunga*、アングロサクソンの医学文献と祈禱をまとめた文献。no. 82 in Eleanour Sinclair Rohde, *The Old English Herbals* [1922], http://gutenberg.org.

17 John Gerard、Pamela Jones, *Just Weeds: History, Myths and Uses* (Boston, MA, 1994), p. 20に引用。

18 Stewart, *Wicked Plants*, p. 32.［エイミー・スチュワート『邪悪な植物』山形浩生監訳／守岡桜訳／朝日出版社／ 2012年］に引用。

19 Jonathan Bate, *John Clare: A Biography* (London, 2003), p. 97に引用。

20 Lady Wilkinson, *Weeds and Wild Flowers*, p. 5に引用。

21 H. D. Nelson et al., 'Nonhormonal Therapies for Menopausal Hot Flashes: Systematic Review and Meta-analysis', *Journal of the American Medical Association* (2006), pp. 2057–71.

第6章　食材としての雑草

1 Richard Mabey, *Food for Free* (London, 2012), p. 8.

2 Richard Lee, *The !Kung San: Men, Women and Work in a Foraging Society* (Cambridge, 1979), p. 94.

3 'The Bushmen Call it Mongongo', www.elephantswithoutborders.org, 19 November 2010.

4 Wendell Berry, 'The Pleasures of Eating', in *The Art of the Commonplace: The*

Agrarian Essays of Wendell Berry, ed. Norman Wirzba (Berkeley, CA, 2004), p. 321.［ウェンデル・ベリー／『ウェンデル・ベリーの環境思想』／加藤貞通訳／昭和堂／2008年］
5 'Wild Garlic, Nettle and Bittercress Pesto', *Robin Harford's Wild Food Guide to the Edible Plants of Britain*, www.eatweeds.co.uk、2014年4月4日にアクセス。
6 'Lesser Celandine and Ground Ivy Stew'、同上。
7 Paul Peacock, *The Pocket Guide to Wild Food* (Preston, 2008), p. 34.
8 Roslynn Brain and Hayley Waldbillig, 'Urban Edibles: Weeds', *Utah State University Extension Sustainability*, www.extension.usu.edu, February 2013.
9 Oliver Strand, 'A New Leaf', American *Vogue* (May 2013).
10 同上。
11 *The Guardian* (24 June 2011).
12 'Ground Elder Quiche', www.eatweeds.co.uk を参照。2014年10月6日にアクセス。
13 Gail Harland, *The Weeder's Digest: Identifying and Enjoying Edible Weeds* (Totnes, 2012), p. 150.
14 Brain and Waldbillig, 'Urban Edibles: Weeds' より転載。
15 John Evelyn, *Acetaria: A Discourse of Sallets* (1699), http://gutenberg.org/ebooks.
16 Pamela Jones, *Just Weeds: History, Myths and Uses* (Boston, MA, 1994), p. 213に引用。
17 Harland, *The Weeder's Digest*, pp. 129 and 151.
18 Tristan Stephenson, 'Dandelion and Burdock', The Good Food Channel, http://uktv.co.uk より転載。2014年11月14日にアクセス。
19 Michael Pollan, *The Omnivore's Dilemma* (New York, 2007), p. 280.［マイケル・ポーラン／『雑食動物のジレンマ』／ラッセル秀子訳／東洋経済新報社／2009年］
20 'Food Foraging in South Africa', www.foodandthefabulous.com, February 2014.
21 同上。

第7章　野生的な雑草庭園

1 Michael Pollan, 'Weeds Are Us', *New York Times* (5 November 1989).
2 William Robinson, *The Garden: An Illustrated Weekly Journal of Gardening in all its Branches*, II (1872).
3 William Robinson, *The Wild Garden: Or, Our Groves and Shrubberies Made Beautiful* [1870] (Cork, 2010), p. 76.

4 Rev. Leonard Jenyns, *Memoir of the Rev. John Stevens Henslow, Late Rector of Hitcham and Professor of Botany in the University of Cambridge* [1862] (Cambridge, 2011), p. 189.
5 Gertrude Jekyll, *Home and Garden: Notes and Thoughts, Practical and Critical, of a Worker in Both* [1890] (Cambridge, 2011), p. 277.
6 Oliver Strand, 'A New Leaf', American *Vogue* (May 2013).
7 www.thehighline.org を参照。2014年10月6日にアクセス。
8 Edward Draper, 'Do Motorways Create a Microclimate?', www.nakedscientists.com, 6 June 2012.
9 David Quammen, 'Planet of Weeds', *Harper's* (October 1998).
10 David Quammen, *Natural Acts: A Sidelong View of Science and Nature* (New York, 2009), p. 188.

終章　雑草との共生

1 Allan Metcalf, 'Garden-variety Clichés', *Chronicle of Higher Education Review* (14 March 2014).
2 Alice Sturn, 'Weeds', *The Hypocrite Reader*, 17 (June 2012).

ニーナ・エドワーズ（Nina Edwards）
ロンドン在住のフリーライター、編集者。俳優としても活躍。主な著書に、『ボタン――ありふれた物の重要性 *On the Button: The Significance of an Ordinary Item*』（2011年）、『モツの歴史（「食」の図書館）』（原書房、2015年）、『戦争支度――第一次大戦時の軍人・民間人の服装と装飾品 *Dressed for War: Uniform, Civilian Clothing and Trappings, 1914 to 1918*』（2014年）、『暗闇の文化史 *Darkness: A Cultural History*』（2018年）などがある。

内田智穂子（うちだ・ちほこ）
学習院女子短期大学英語専攻卒。翻訳家。訳書に、フッド『ジャム、ゼリー、マーマレードの歴史（「食」の図書館）』、エリオット『バラの博物百科』、サウスウェル『世界の陰謀・謀略百科』、フォーステイター『世界を変えた50の経済』（以上、原書房）、ベギーチ『電子洗脳 あなたの脳も攻撃されている』（成甲書房）などがある。

花《はな》と木《き》の図書館《としょかん》

雑草《ざっそう》の文化誌《ぶんかし》

●

2022年8月30日　第1刷

著者……………ニーナ・エドワーズ
訳者……………内田智穂子《うちだちほこ》
装幀……………和田悠里
発行者……………成瀬雅人
発行所……………株式会社原書房

〒160-0022 東京都新宿区新宿 1-25-13
電話・代表 03(3354)0685
振替・00150-6-151594
http://www.harashobo.co.jp

印刷……………新灯印刷株式会社
製本……………東京美術紙工協業組合

ISBN 978-4-562-07170-8, Printed in Japan